Wärme- und Stoffübertragung

Herausgegeben von Ulrich Grigull

Ulrich Grigull · Heinrich Sandner

Wärmeleitung

2. Auflage

Mit 52 Abbildungen

Springer-Verlag
Berlin Heidelberg NewYork
London Paris Tokyo Hong Kong 1990

Prof. Dr.-Ing. Ulrich Grigull
Dr.-Ing. Heinrich Sandner
Lehrstuhl A für Thermodynamik, TU München
Arcisstr. 21, 8000 München 2

Herausgeber
Prof. Dr.-Ing. Ulrich Grigull
Lehrstuhl A für Thermodynamik, TU München
Arcisstr. 21, 8000 München 2

ISBN-13:978-3-540-52315-4   e-ISBN-13:978-3-642-84132-3
DOI: 10.1007/978-3-642-84132-3

CIP-Kurztitelaufnahme der Deutschen Bibliothek
Grigull, Ulrich.
Wärmeleitung/Ulrich Grigull; Heinrich Sandner. – 2. Aufl. –
Berlin; Heidelberg; New York; London; Paris; Tokyo; Hong Kong: Springer, 1990
(Wärme- und Stoffübertragung)
ISBN-13:978-3-540-52315-4

NE: Sandner, Heinrich

Satz: Universitätsdruckerei H. Stürtz AG, Würzburg

2160/3020-543210

Vorwort zur zweiten Auflage

Dieses Buch behandelt die Lehre von der Wärmeleitung in etwa jenem Umfang, wie er in den Studienrichtungen Maschinenwesen, Verfahrenstechnik und Elektrotechnik an einer Technischen Universität gelehrt werden kann. Es werden keine speziellen Vorkenntnisse vorausgesetzt und auch die verwendeten mathematischen Hilfsmittel entsprechen im wesentlichen dem Stoff des normalen Unterrichts in den beschriebenen Fachrichtungen. Das Buch ist sowohl zum Gebrauch neben den Vorlesungen wie auch als Repetitorium vor Prüfungen gedacht, es soll aber auch dem in der Praxis tätigen Ingenieur bei der Lösung seiner Wärmeleitprobleme helfen.

Dem Leser soll vor allem gezeigt werden, daß für eine große Zahl technisch wichtiger Fragestellungen exakte und Näherungslösungen zur Verfügung stehen und daß sich in vielen Fällen erste Abschätzungen auf sehr elementare Weise durchführen lassen, sofern man auch komplizierte Lösungsfunktionen hinreichend aufbereitet. Erst damit nutzen wir die Vorarbeiten jener großen Mathematiker früherer Generationen, die einen beträchtlichen Vorrat an Lösungen und Lösungsmethoden bereitgestellt haben. Die Anwendungen solcher Methoden sind in diesem Buch an Beispielen gezeigt, die aus verschiedenen Bereichen von Wissenschaft und Technik stammen. Damit wird auch das breite Anwendungsgebiet der Wärmeleitung deutlich.

Die Anwendung der Theorie wird häufig dadurch erschwert, daß man die notwendigen Stoffgrößen nicht kennt, hier vor allem die Wärmeleitfähigkeit und die Temperaturleitfähigkeit. Dafür sind diesem Buch ausführliche Stoffwerttabellen beigegeben, die zum Teil auch die Temperaturabhängigkeit der Stoffgrößen berücksichtigen. Ein eigener Abschnitt führt in die Theorie der Transportgrößen ein.

Die physikalischen Gleichungen sind in diesem Buche grundsätzlich als Größengleichungen geschrieben; Ausnahmen sind besonders gekennzeichnet. In Zahlenbeispielen und -tafeln sind die Einheiten des Internationalen Einheitensystems (SI-Einheiten) und deren dezimale Teile und Vielfache verwendet. Umrechnungstabellen erleichtern die Benutzung älterer Literatur.

In diese zweite Auflage wurden einige Bemerkungen und Hinweise eingefügt, die dem Verständnis des Textes dienen sollen. Ferner wurden drei Beispiele neu aufgenommen, die die Anwendung der Theorie auf praktische Fälle zeigen. Sie betreffen den Wärmewiderstand eines exzen-

trisch verlegten Rohres, die Ermittlung der wirtschaftlichsten Isolierdicke sowie die Stabilitätsgrenzen einer exothermen chemischen Reaktion, zugleich als Beispiel einer stark temperaturabhängigen Wärmequelle.

Die Verfasser wünschen auch dieser Neuauflage eine günstige Auf-
nahme beim Leserkreis der Serie „Wärme- und Stoffübertragung".

München, im Februar 1990   U. Grigull
                                                           H. Sandner

Inhaltsverzeichnis

Verzeichnis der Tabellen im Text

Häufig verwendete Formelzeichen

(Dimensionslose Kenngrößen siehe Anhang D)

Zeichen	Bedeutung	SI-Einheit (als Beispiel)
a	Temperaturleitfähigkeit $a = \lambda/(\rho\, c_p)$	$\mathrm{m^2/s}$
A	Fläche	$\mathrm{m^2}$
b	Wärmeeindringkoeffizient $b = \sqrt{\lambda\, \rho\, c_p}$	$\mathrm{Ws^{1/2}/K m^2}$
c_p, c_v	spezifische Wärmekapazität	$\mathrm{J/kg\,K}$
d, D	Durchmesser	m
D	Diffusionskoeffizient	$\mathrm{m^2/s}$
g	Fallbeschleunigung	$\mathrm{m/s^2}$
h	spezifische Enthalpie	$\mathrm{J/kg}$
H	Enthalpie	J
I	Stromstärke	A
k	Wärmedurchgangskoeffizient	$\mathrm{W/K m^2}$
l, L	Länge	m
m, M	Masse	kg
p	Druck	$\mathrm{Pa = N/m^2}$
p	Modul	1
q	Wärmestromdichte	$\mathrm{W/m^2}$
Q	Wärmemenge	J
r, R	Radius	m
s	Laplace-Parameter	$\mathrm{1/s}$
s	Strecke	m
S	Formkoeffizient	m
t	Zeit	s
T	thermodynamische Temperatur	K
u	Umfang	m
U	elektrische Spannung	V
V	Volumen	$\mathrm{m^3}$
W	Leistungsdichte	$\mathrm{W/m^3}$
x, y, z	kartesische Ortskoordinaten	m
X	Bezugslänge	m
α	Wärmeübergangskoeffizient	$\mathrm{W/K m^2}$
δ	Eigenwert (Platte)	1
δ	Strecke	m
$\varepsilon_w, \varepsilon_\lambda, \varepsilon_\infty$	Rippenwirkungsgrade	$1 = \mathrm{W/W}$
ξ, η, ζ	bezogene Ortskoordinaten	$1 = \mathrm{m/m}$
η	dynamische Viskosität	$\mathrm{kg/s\,m = Pa\,s}$
ϑ	Temperatur, Temperaturdifferenz	K

Zeichen	Bedeutung	SI-Einheit (als Beispiel)
λ	Wärmeleitfähigkeit	W/Km
ρ	Dichte	kg/m^3
ρ	bezogener Radius	$1 = m/m$
τ	Zeit	s
φ	Winkel	$rad = 1 = m/m$
Φ	Wärmestrom	W
ψ	Stromfunktion	K

1. Einführende Bemerkungen

1.1 Grundbegriffe

Unter Wärmeleitung verstehen wir einen Energietransport infolge atomarer und molekularer Wechselwirkung unter dem Einfluß ungleichförmiger Temperaturverteilung. An jeder Stelle eines Körpers, den wir zunächst als homogen und isotrop ansehen wollen, können wir zu jedem Zeitpunkt einen Wärmestrom $\Phi(x, y, z)$ feststellen (SI-Einheit W). Beziehen wir diesen Wärmestrom auf ein Flächenelement senkrecht zu seiner Richtung, so erhalten wir die Wärmestromdichte q (SI-Einheit W/m^2). Zwischen Wärmestromdichte q und Temperaturverteilung $\vartheta(x, y, z)$ besteht eine von Biot (1804, 1816) und Fourier (1822) eingeführte Beziehung

$$q = -\lambda \operatorname{grad} \vartheta, \tag{1.1}$$

die durch Präzisionsmessungen (im Rahmen ihrer Voraussetzungen) ausnahmslos bestätigt wurde. Gleichung (1.1) lautet in Worten: die Wärmestromdichte q ist dem Temperaturgradienten $\operatorname{grad}\vartheta$ proportional und entgegengesetzt gerichtet. Der Proportionalitätskoeffizient λ in Gl. (1.1) heißt Wärmeleitfähigkeit (SI-Einheit W/Km).

1.2 Fourier-Gleichung

Wir denken uns aus einem Körper großer Ausdehnung senkrecht zu einer angenommenen x-Richtung eine Scheibe von der Dicke dx herausgeschnitten, an deren beiden Oberflächen unter dem Einfluß einer Temperaturverteilung $\vartheta(x)$ die Wärmestromdichten q_x und q_{x+dx} herrschen (Bild 1.1). Die Differenz zwischen den im Zeitelement dt durch eine Kontrollfläche A ein- und ausgeströmten Wärmemengen ist dann

$$(q_x - q_{x+dx})\, A\, dt = -(dq_x/dx)\, A\, dx\, dt,$$

wenn die Reihenentwicklung

$$q_{x+dx} = q_x + (dq_x/dx)\, dx$$

benutzt wird. Diese Differenz der Wärmemengen dient bei Abwesenheit von Wärmequellen und -senken zur Enthalpieänderung $A\rho\, dh\, dx$ der im Kontrollvolumen $A\, dx$ eingeschlossenen Masse $A\rho\, dx$ mit ρ als der

Dichte des betrachteten Stoffes. Mit $dh = c_p\,d\vartheta$ und dem Ansatz von Biot und Fourier $q_x = -\lambda\,d\vartheta/dx$ nach Gl. (1.1) erhält man damit

$$-\frac{\partial q_x}{\partial x} = \frac{\partial}{\partial x}\left(\lambda\frac{\partial\vartheta}{\partial x}\right) = \rho\,c_p\frac{\partial\vartheta}{\partial t}.$$

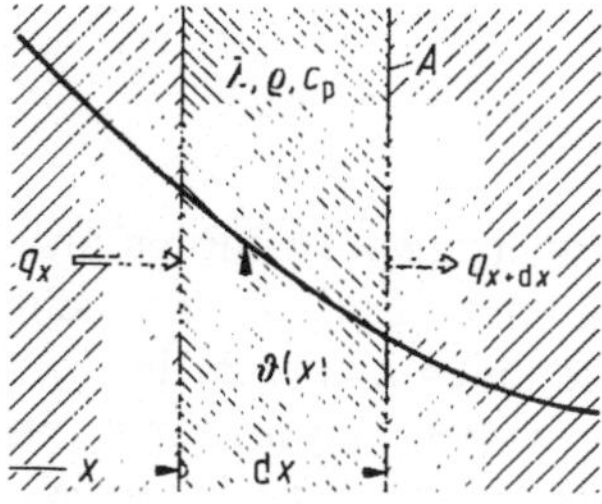

Bild 1.1. Zur Ableitung der Fourier-Gleichung

Da der Stoff nach Abschnitt 1.1 als homogen und isotrop angenommen wurde, hängt die Wärmeleitfähigkeit λ weder von x noch von einer anderen Ortskoordinate ab; ist λ überdies temperaturunabhängig, so kann man mit $a = \lambda/(\rho\,c_p)$ auch

$$\frac{\partial\vartheta}{\partial t} = a\frac{\partial^2\vartheta}{\partial x^2} \tag{1.2}$$

schreiben. Gleichung (1.2) ist die Differentialgleichung der eindimensionalen nichtstationären Wärmeleitung, die wir — auch in ihren verschiedenen Abwandlungen — nach ihrem Entdecker die Fourier-Gleichung nennen wollen. Die neue Stoffgröße $a = \lambda/(\rho\,c_p)$ heißt Temperaturleitfähigkeit (SI-Einheit m^2/s). Gleichung (1.2) sagt aus, daß die lokale Änderungsgeschwindigkeit der Temperatur, $\partial\vartheta/\partial t$, proportional der Krümmung der Temperaturverteilung $\vartheta(x)$ ist, die wiederum wesentlich von der zweiten Ableitung $\partial^2\vartheta/\partial x^2$ abhängt. Schroffe Änderungen der momentanen Temperaturverteilung $\vartheta(x)$ gleichen sich am schnellsten aus. Die Temperaturleitfähigkeit a (englisch: thermal diffusivity) ist ein Maß für die Geschwindigkeit dieses Temperaturausgleichs.
Im dreidimensionalen Falle wird die Enthalpie im Kontrollvolumen auch durch die Unterschiede der im Zeitelement dt in y- und z-Richtung ein- und ausströmenden Wärmemengen verändert, so daß wir schreiben können

$$\rho\,c_p\frac{\partial\vartheta}{\partial t} = \frac{\partial}{\partial x}\left(\lambda\frac{\partial\vartheta}{\partial x}\right) + \frac{\partial}{\partial y}\left(\lambda\frac{\partial\vartheta}{\partial y}\right) + \frac{\partial}{\partial z}\left(\lambda\frac{\partial\vartheta}{\partial z}\right)$$
$$= \operatorname{div}(\lambda\operatorname{grad}\vartheta). \tag{1.3}$$

Sofern die Wärmeleitfähigkeit λ orts- und temperaturunabhängig ist, läßt sich Gl. (1.3) in der Form

$$\frac{\partial \vartheta}{\partial t} = a\left(\frac{\partial^2 \vartheta}{\partial x^2} + \frac{\partial^2 \vartheta}{\partial y^2} + \frac{\partial^2 \vartheta}{\partial z^2}\right) = a\,\Delta\vartheta \qquad (1.4)$$

anschreiben mit Δ als dem Laplace-Operator.

Sind im Kontrollvolumen Wärmequellen mit der Leistungsdichte W (SI-Einheit W/m^3) vorhanden (im Fall von Wärmesenken wird W negativ), so hat man diese Leistungsdichte W auf der rechten Seite von Gl. (1.3) zu addieren. Bei temperaturunabhängigem λ entsteht aus Gl. (1.4) die Beziehung

$$\frac{\partial \vartheta}{\partial t} = a\,\Delta\vartheta + \frac{W}{\rho\, c_p}. \qquad (1.5)$$

Die Leistungsdichte $W(x, y, z, t)$ kann z.B. durch elektrische Heizung oder auch durch chemische, biologische oder nukleare Reaktionen erzeugt werden.

1.3 Anfangs- und Randbedingungen

Die Differentialgleichung (1.5) mit Wärmequellen oder Gl. (1.4) ohne Wärmequellen erlaubt die Berechnung der Temperaturverteilung $\vartheta(x, y, z, t)$, sofern an den Grenzen dieses vierdimensionalen Raum- und Zeitkontinuums gewisse Bedingungen vorgegeben sind, die sogenannten Anfangs- und Randbedingungen, dazu noch im Falle von Gl. (1.5) die räumliche und zeitliche Verteilung der Leistungsdichte W.

In vielen Fällen ist zur Zeit $t = 0$ die Temperaturverteilung $\vartheta(x, y, z)$ gegeben, im einfachsten Falle eine konstante Anfangstemperatur $\vartheta = \vartheta_c$. Bei den räumlichen Vorgaben unterscheiden wir drei Arten:

(a) Randbedingung 1. Art: Die Temperatur an den Berandungen des betrachteten Körpers, die wir im folgenden Wand (Index w) nennen wollen, ist in der Form $\vartheta_w = \vartheta_w(t)$ gegeben, z.B. in der einfachen Form $\vartheta_w = \text{const}$ oder auch periodisch veränderlich, $\vartheta_w = \vartheta_0 \cos(\omega t)$, mit ω als der Kreisfrequenz. Gesucht ist hier z.B. der Verlauf der Wärmestromdichte an der Wand $q_w = q_w(t)$.

(b) Randbedingung 2. Art: Hier ist die Wärmestromdichte $q_w = q_w(t)$ an der Wand vorgegeben, z.B. durch elektrische Beheizung. Da nach Gl. (1.1) auch

$$q_w = -\lambda\left(\frac{\partial \vartheta}{\partial n}\right)_w \qquad (1.6)$$

gelten muß, mit n als der Normalen zur Wand (positive Richtung nach innen), ist zugleich der Temperaturgradient an der Wand vorgegeben.

Gesucht ist z.B. der Temperaturverlauf $\vartheta_w = \vartheta_w(t)$. Ist die Wand adiabat (wärmedicht) isoliert, so ist $q_w = 0$ und damit auch $(\partial\vartheta/\partial n)_w = 0$. Die Kurve $\vartheta(n)$ mündet in diesem Falle senkrecht in die Wand ein.

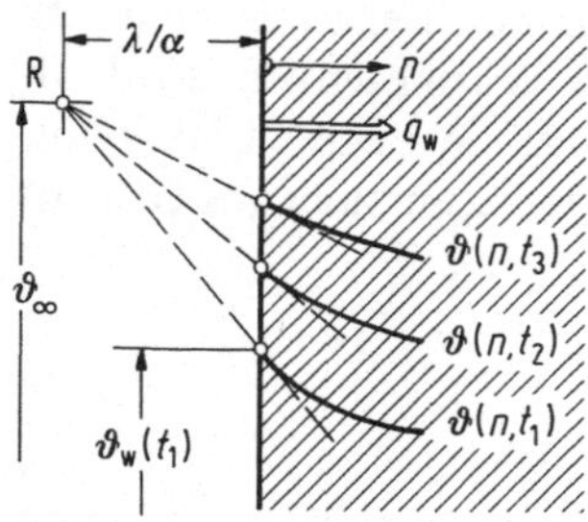

Bild 1.2.
Geometrische Deutung der Randbedingung 3. Art

(c) Randbedingung 3. Art: Häufig steht der betrachtete Körper mit einem ihn umgebenden fluiden Medium im Wärmeaustausch. Diesen Vorgang nennt man Wärmeübergang und beschreibt ihn durch den Ansatz

$$q_w = \alpha(\vartheta_\infty - \vartheta_w), \tag{1.7}$$

den erstmalig Isaac Newton in einer Arbeit über Thermometrie (1701) verwendet hat[1]. In Gl. (1.7) ist ϑ_∞ die Temperatur des umgebenden Fluids außerhalb einer wandnahen Schicht, der sogenannten Temperaturgrenzschicht. Der Proportionalitätskoeffizient α heißt Wärmeübergangskoeffizient (SI-Einheit W/Km^2). Durch Gleichsetzen der Gln. (1.6) und (1.7) erhält man die Beziehung

$$-\left(\frac{\partial\vartheta}{\partial n}\right)_w = \frac{\vartheta_\infty - \vartheta_w}{\lambda/\alpha}, \tag{1.8}$$

die sich nach Bild 1.2 geometrisch deuten läßt. Zu beliebigen Zeiten t_1, t_2, t_3 zeigen die Tangenten der Kurven $\vartheta(n, t_i)$ an der Wand auf den Richtpunkt R, der von der Wand den Abstand λ/α hat. Man kann (mindestens bei stationären Problemen) näherungsweise die Randbedingung 3. Art auf die 1. Art dadurch zurückführen, daß man sich die Kontur des betrachteten Körpers um die Dicke λ/α verschoben denkt und dann mit konstanter Wandtemperatur rechnet („Hilfswandmethode"). Der Wärmeübergangskoeffizient α ist kein reiner Stoffwert wie etwa die Wärmeleitfähigkeit λ, sondern hängt in komplizierter Weise von den Strömungsbedingungen und dem Zustand des Fluids ab.

---

[1] Grigull, U.: Das Newtonsche Abkühlungsgesetz. Bemerkungen zu einer Arbeit von Isaac Newton aus dem Jahre 1701. Abhandl. d. Braunschweigischen Wiss. Ges. Bd. 29, Braunschweig 1978, S. 7/31. Grigull, U.: Newton's temperature scale and the law of cooling. Wärme-Stoffübertrag. 18 (1984), S. 195–199.

2. Transportkoeffizienten

Wärmeleitfähigkeit λ und Temperaturleitfähigkeit $a = \lambda/(\rho\,c_p)$ wurden als empirische Koeffizienten in Abschnitt 1.1 und 1.2 eingeführt ohne jede Aussage über ihre Größenordnung. Unsere Kenntnis vom Bau der Materie liefert hierzu wenigstens qualitative Angaben.

2.1 Wärmeleitfähigkeit von Metallen und Metallegierungen

Nach der Elektronentheorie der Metalle [2.1] wird der Energietransport durch Wärmeleitung in kristallinen metallischen Festkörpern durch zwei Mechanismen bewirkt, die Gitterschwingungen, deren Energiequanten Phononen genannt werden, und die Bewegung der Leitungselektronen. Die beiden Mechanismen verlaufen parallel und näherungsweise unabhängig voneinander, so daß man den elektronischen Anteil λ_e und den der Gitterleitung λ_g zur gesamten Wärmeleitfähigkeit λ addieren kann nach der Beziehung

$$\lambda = \lambda_e + \lambda_g. \tag{2.1}$$

Bei Metallen überwiegt im allgemeinen λ_e. Die Leitfähigkeit wird durch Streuprozesse sowohl der Elektronen wie der Phononen begrenzt, die durch Wechselwirkung zwischen Phononen und Phononen sowie zwischen Elektronen und Phononen entstehen. Streuung tritt auch an Kristallgrenzen, Gitterfehlstellen und Fremdatomen (Verunreinigungen oder Legierungsbestandteilen) auf. Denkt man sich die Streuprozesse im wesentlichen hintereinandergeschaltet, so addieren sich die reziproken Leitfähigkeiten oder die Widerstände $W = 1/\lambda$, für den elektronischen Anteil also $W_e = 1/\lambda_e$ (Regel von Matthiesen). Die Streuprozesse der Elektronen lassen sich vereinfacht in zwei Gruppen zusammenfassen, die Streuung an Phononen (Anteil W_p) und an Gitterfehlern und Störstellen aller Art (Anteil W_i, Index i von impurus). Der thermische elektronische Widerstand W_e ist danach

$$W_e = 1/\lambda_e = W_p + W_i. \tag{2.2}$$

Die Elektronentheorie liefert für tiefe Temperaturen die Beziehungen $W_p = \alpha\,T^2$ und $W_i = \beta/T$ mit α und β als zwei Konstanten, wobei β Zahl

und Art der Störstellen kennzeichnet. Damit wird die Wärmeleitfähigkeit von Metallen bei tiefen Temperaturen

$$\lambda \approx \lambda_{\mathrm{e}} = \frac{1}{W_{\mathrm{p}} + W_{\mathrm{i}}} = \frac{1}{\alpha\,T^2 + \beta/T}. \tag{2.3}$$

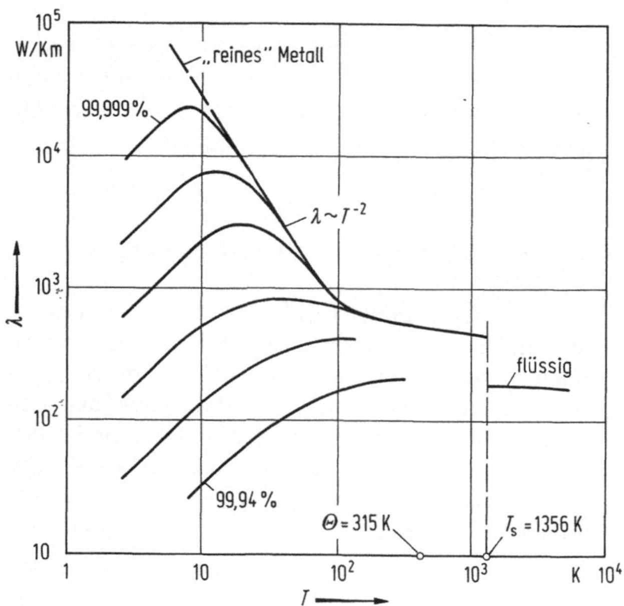

Bild 2.1. Wärmeleitfähigkeit λ von Kupfer als Funktion der Kelvin-Temperatur T. Schmelztemperatur T_{s}, charakteristische Temperatur Θ, Reinheitsgrad in Prozent (schematisiert)

Bild 2.1 zeigt schematisiert die Wärmeleitfähigkeit λ von Kupfer. Bei tiefen Temperaturen überwiegt in Gl. (2.3) der Term β/T, so daß man einen nahezu linearen Verlauf erhält, der sich zu immer höheren Temperaturen fortsetzt, je mehr Störstellen vorhanden sind (β groß). Bei höheren Temperaturen hat der Term $\alpha\,T^2$ größeren Einfluß, insbesondere bei sehr reinen Metallen (β klein), so daß sich das nach Gl. (2.3) zu erwartende Maximum zu tieferen Temperaturen verschiebt. Bei „reinen" Metallen ($\beta \to 0$) wird $\lambda \sim T^{-2}$, wie in Bild 2.1 angedeutet; allerdings bewirkt schon eine geringe Zahl von Störstellen einen Abfall von λ, sobald T hinreichend klein wird.

Differenziert man Gl. (2.3) nach T, so erhält man die Temperatur T_{m}, bei der das Maximum λ_{m} auftritt:

$$T_{\mathrm{m}} = (\beta/2\alpha)^{1/3}. \tag{2.4}$$

Setzt man diesen Ausdruck in Gl. (2.3) ein und benutzt die dimensionslosen Koordinaten $\lambda^* = \lambda/\lambda_m$ und $T^* = T/T_m$, so erhält man die universelle Beziehung

$$\lambda^* = \frac{3}{T^{*2} + (2/T^*)}, \tag{2.5}$$

die im Bereich $0 < T < 1,5\,T_m$ gut bestätigt wurde [2.2]. Die Bezugsgrößen λ_m und T_m sind zwar nicht von vornherein bekannt, lassen sich aber durch gezielte Messungen gewinnen.

Die bisherigen Betrachtungen galten für tiefe Temperaturen, die durch $T \ll \Theta$ gekennzeichnet sind, mit Θ als einer charakteristischen Temperatur, die in Bild 2.1 für Kupfer mit $\Theta = 315\,\text{K}$ eingetragen ist. Für höhere Temperaturen $(T \approx \Theta)$ empfehlen sich zwei empirische Beziehungen [2.2]:

$$\text{für} \qquad 0,3\,\Theta < T < 0,86\,\Theta: \quad \lambda = 0,989\,\lambda_\Theta \exp\left(\frac{0,0117}{(T/\Theta)^{2,5}}\right), \tag{2.6}$$

$$\text{für} \qquad 0,86\,\Theta < T < 3\,\Theta: \quad \lambda = \lambda_\Theta[1,05 - 0,05(T/\Theta)]. \tag{2.7}$$

Hierin ist λ_Θ die Wärmeleitfähigkeit bei der charakteristischen Temperatur Θ, die für einige Metalle in Tabelle 2.1 angegeben ist. Dort bedeutet ferner $\lambda_{\Theta i}$ die Wärmeleitfähigkeit bei der Temperatur Θ für ein Metall mit 0,5 % Verunreinigungen, während sich λ_Θ auf das reine Metall bezieht. Für dazwischenliegende Werte kann linear interpoliert werden. Tabelle 2.1 enthält ferner die Ordnungszahlen Z, die relativen Atommassen A_r und die Schmelztemperaturen T_s. Die hier angegebenen charakteristischen Temperaturen sind den Meßwerten angepaßt. Sie liegen in der Nähe der Debye-Temperaturen Θ_D, wie sie sich aus dem Temperaturverlauf der molaren Wärmekapazitäten ergeben.

Die Verwandtschaft zwischen dem elektronischen Anteil der Wärmeleitfähigkeit und der elektrischen Leitfähigkeit (die im allgemeinen einfacher zu messen ist) kommt in einer von Wiedemann, Franz und Lorenz angegebenen Beziehung

$$\frac{\lambda}{\sigma T} = L \tag{2.8}$$

zum Ausdruck, in der σ die elektrische Leitfähigkeit (SI-Einheit A/Vm) und L die Lorenz-Konstante bedeuten, deren theoretischer Wert L_0 nach Sommerfeld

$$L_0 = \frac{\pi^2}{3}\left(\frac{k}{e}\right)^2 = 2,45 \cdot 10^{-8}\,\frac{\text{V}^2}{\text{K}^2} \tag{2.9}$$

Tabelle 2.1. Ordnungszahl Z, relative Atommasse A_r, charakteristische Temperatur Θ, Schmelztemperatur T_s, Wärmeleitfähigkeit λ_Θ und $\lambda_{\Theta i}$ nach Gl. (2.6) und (2.7) von Metallen [2.2]

Metall	Z	A_r	Θ	T_s	λ_Θ	$\lambda_{\Theta i}$
	–	–	K	K	W/Km	W/Km
Ag	47	107,870	215	1234	420	380
Al	13	26,982	390	933,2	230	210
Au	79	196,97	170	1336,2	348	320
Cd	48	112,40	220	594,2	113	84
Cu	29	63,54	315	1356	414	330
Ir	77	192,2	285	2716	160	130
Mg	12	24,31	290	923	170	140
Pb	82	207,19	88	600,58	47	35
Pd	46	106,4	275	1825	72	60
Rh	45	102,91	370	2233	160	130
Ti	22	47,90	350	1953	25	15
Tl	81	204,4	100	576,2	60	44
W	74	183,85	310	3653	170	160
Zn	30	65,37	250	692,7	140	105
Zr	40	91,22	280	2125	26	19
Co	27	58,93	385	1765	130	100
Cr	24	51,99	485	2118	84	65
K	19	39,10	100	336,8	120	100
Li	3	6,939	400	453,7	80	65
Mo	42	95,94	380	2883	150	120
Na	11	22,99	150	371,0	150	120
Pt	78	195,1	225	2042	80	65
Rb	37	85,47	85	312,04	75	60
Re	75	186,2	300	3453	55	45

beträgt. k ist die Boltzmann-Konstante und e die Elementarladung. Diese Beziehung läßt sich in erweiterter Form mit Erfolg für legierte Stähle anwenden [2.3].

Beispiel 2.1: Die Wärmeleitfähigkeit λ_{20} von reinem Silber bei $20\,°C \cong 293\,K$ ist nach Gl. (2.7) und Tabelle 2.1: $\lambda_{20} = 420\,[1,05 - 0,05\,(293/215)]\,W/Km = 412\,W/Km$. Bei $0,5\%$ Verunreinigungen erhält man $\lambda_{20} = 372\,W/Km$.

2.2 Transportphänomene in verdünnten Gasen

Wir betrachten der Einfachheit halber ein einatomiges Gas mäßiger Dichte, bei dem eine Wechselwirkung zwischen den Teilchen nur beim Zusammenstoß stattfindet. Ist N_V die Zahl der Teilchen im Volumenelement und $\bar{w}$ eine mittlere Teilchengeschwindigkeit, und können wir näherungsweise annehmen, daß sich in jedem Zeitpunkt $N_V/3$ Teilchen in Richtung einer der drei Achsen bewegen, so ist $\bar{w}\,N_V/3$ die Teilchenstromdichte in dieser Richtung (Teilchen je Fläche und Zeit). Ist G eine Eigenschaft der Teilchen, die nach der Funktion $G(y)$ in der betrachteten Richtung verteilt sei (z.B. Energie oder Impuls) und ist $\bar{l}$ die mittlere freie Weglänge, die ein Teilchen im Mittel ohne Änderung seiner Eigenschaft G zurücklegt, so ist

$$\Gamma = -\frac{\bar{w}\,\bar{l}\,N_V}{3}\,\frac{\mathrm{d}G}{\mathrm{d}y} \qquad (2.10)$$

die Stromdichte der Eigenschaft G in der betrachteten Richtung. Für das ideale Gas ist $N_V = p/(kT)$ mit k als Boltzmann-Konstante. Die kinetische Gastheorie liefert für die mittlere Teilchengeschwindigkeit

$$\bar{w} = \sqrt{\frac{8kT}{\pi m}} \qquad (2.11)$$

und für die mittlere freie Weglänge

$$\bar{l} = \frac{1}{\sqrt{2}\,\pi\,\sigma^2\,N_V} \qquad (2.12)$$

mit m als der Teilchenmasse und σ als dem effektiven, für den Stoß wirksamen Durchmesser der Teilchen.

Beim Energietransport durch Wärmeleitung gilt $\mathrm{d}G = \mathrm{d}u = m\,c_v\,\mathrm{d}\vartheta$, wenn u hier die mittlere Energie eines Teilchens und c_v die isochore spezifische Wärmekapazität bedeuten. Die Stromdichte Γ nach Gl. (2.10) ist die Wärmestromdichte q, so daß durch Vergleich mit dem linearen Ansatz von Biot-Fourier (hier $q = q_y = -\lambda\,\mathrm{d}\vartheta/\mathrm{d}y$) für die Wärmeleitfähigkeit λ die Beziehung

$$\lambda = \frac{\rho\,\bar{w}\,\bar{l}\,c_v}{3} = \frac{1}{\sigma^2}\sqrt{\frac{k^3 T}{\pi^3 m}} \qquad (2.13)$$

abgeleitet werden kann. Hierbei ist die Dichte $\rho = m\,N_V$ eingesetzt, ferner sind die Gln. (2.11) und (2.12) verwendet und für das einatomige Gas mit seinen drei translatorischen Freiheitsgraden die Beziehung $c_v = 3R/2$ benutzt, wobei R die spezifische Gaskonstante ist ($mR = k$). Nach Gl. (2.13) soll λ vom Druck unabhängig und $T^{0,5}$ proportional sein.

Für die Temperaturleitfähigkeit $a = \lambda/(\rho\,c_p)$ erhält man aus Gl. (2.13) die Proportionalität

$$a \sim T^{1,5}/p. \qquad (2.14)$$

Ganz analoge Ableitungen kann man für den Impulstransport durch Zähigkeit und den Teilchentransport durch Diffusion durchführen und erhält dann für die dynamische Viskosität η (SI-Einheit Ns/m^2), die kinematische Viskosität $v=\eta/\rho$ (SI-Einheit m^2/s) und den Diffusionskoeffizienten D, der bei dieser Ableitung der Koeffizient der Selbstdiffusion ist (SI-Einheit m^2/s), folgende Proportionalitäten:

$$\eta \sim T^{0,5}, \quad v \sim T^{1,5}/p, \quad D \sim T^{1,5}/p. \tag{2.15}$$

Die hier zum Ausdruck kommenden Druckabhängigkeiten werden durch Messungen im Bereich kleiner Drücke (unter 10 bar) befriedigend bestätigt, nicht aber die Temperaturabhängigkeit. Man findet vielmehr selbst für einatomige Gase höhere Werte der Exponenten, etwa

$$\lambda \sim T^{0,7}, \quad \eta \sim T^{0,7}, \quad D \sim T^{1,7},$$

Tabelle 2.2. Transportgrößen von Gasen bei mäßigen Drücken[a]

η_0 Viskosität, λ_0 Wärmeleitfähigkeit, D_0 Koeffizient der Selbstdiffusion bei 101 325 Pa, $Pr_0 = \eta_0 c_{p0}/\lambda_0$ Prandtl-Zahl, alles bei $T_0 = 273,15\,K \cong 0\,°C$. Zwischen $0\,°C$ und $1000\,°C$ gilt $Z(\dot{T}) = Z_0(T/T_0)^n$, wenn Z_0 die tabellierten Größen und n die zugehörigen tabellierten Exponenten bedeuten

Gas	η_0 μPa s	n —	λ_0 mW/Km	n —	D_0 cm²/s	n —	Pr_0 —	n —
Ar	21,45	0,693	16,8	0,693	0,158	1,70	0,666	0
H_2	8,50	0,648	171	0,690	1,26	1,66	0,700	0,007
D_2	11,70	0,648	117	0,720	0,862	1,66	0,700	0,011
O_2	19,69	0,672	25,2	0,802	0,181	1,68	0,701	0,019
N_2	16,80	0,666	24,1	0,760	0,177	1,68	0,700	0,015
Luft	17,42	0,669	24,6	0,759	0,178	1,68	0,701	0,013
CO	16,80	0,672	24,2	0,779	0,177	1,68	0,700	0,016
CO_2	14,40	0,774	16,7	1,04	0,0962	1,78	0,725	0,027
NO	18,32	0,674	25,0	0,784	0,180	1,69	0,702	0,016
N_2O	14,33	0,794	17,1	1,06	0,0958	1,80	0,727	0,026
Cl_2	13,17	0,81	8,88	0,877	0,0547	1,81	0,717	0,009
SO_2	13,79	0,806	11,3	1,02	0,0611	1,81	0,730	0,021
CH_4	10,62	0,716	30,6	1,256	0,194	1,73	0,720	0,047
C_2H_6	8,96	0,788	20,4	1,423	0,0877	1,79	0,751	0,034
C_3H_8	7,90	0,807	17,2	1,45	0,0528	1,81	0,769	0,025
n-C_4H_{10}	7,20	0,908	15,7	1,53	0,0368	1,90	0,780	0,018
n-C_5H_{12}	6,63	0,872	14,4	1,49	0,0272	1,87	0,786	0,015
n-C_6H_{14}	6,73	0,910	12,5	1,52	0,0200	1,90	0,791	0,012
C_6H_6	7,21	0,922	10,3	1,58	0,0274	1,92	0,775	0,022
c-C_6H_{12}	6,65	0,858	11,2	1,65	0,0234	1,86	0,784	0,018
C_2H_2	10,01	0,75	21,9	1,38	0,113	1,76	0,739	0,039
C_2H_4	9,92	0,767	20,7	1,34	0,104	1,77	0,739	0,038
CH_3OH	9,19	0,948	17,2	1,47	0,0853	1,94	0,741	0,035
C_2H_5OH	8,29	0,898	16,5	1,47	0,0534	1,89	0,766	0,024

Zahlenbeispiel: Die Wärmeleitfähigkeit von Luft bei $100\,°C \cong 373,15\,K$ beträgt $\lambda_{100} = 24,6 \cdot (373,15/273,15)^{0,759}\,mW/Km = 31,2\,mW/Km = 0,0312\,W/Km$.

[a] Müller, R.: Chem. Ing. Tech. 40 (1968) 344–349.

wie auch Tabelle 2.2 zeigt. Der dort noch aufgeführte Quotient, die Prandtl-Zahl $Pr = \eta\, c_p/\lambda$, die bei der konvektiven Wärmeübertragung eine Rolle spielt, ist nach Voraussage nur schwach temperatur- und druckabhängig.

2.3 Wärmeleitung in geschichteten Körpern

Im bisher (in Abschnitt 1) betrachteten isotropen Körper haben Wärmestromdichte und negativer Temperaturgradient nach Gl. (1.1) dieselbe Richtung; die Wärmeleitfähigkeit λ ist ein Skalar. Im anisotropen Körper bilden Wärmestromdichte und negativer Temperaturgradient im allgemeinen einen Winkel; die Wärmeleitfähigkeit ist hier ein Tensor. Anisotropie tritt vor allem bei Kristallen auf, aber auch bei natürlich oder künstlich geschichteten Stoffen wie Holz, Mineralien, Sperrholz, Bauplatten, Blechpaketen usw. Wir wollen uns im folgenden auf solche geschichteten Stoffe und auf die Berechnung der Wärmeströme normal und parallel zur Schichtung beschränken. Nur stationäre Wärmeleitung wird betrachtet.

2.3.1 Wärmestrom normal zur Schichtung

Nach Bild 2.2 bestehe ein Körper aus m einzelnen Schichten der Dicken $\delta_1, \delta_2, \ldots, \delta_m$ mit den zugehörigen Wärmeleitfähigkeiten $\lambda_1, \lambda_2, \ldots, \lambda_m$. Die beiden äußeren Ebenen seien auf den Temperaturen ϑ_I und ϑ_II gehalten ($\vartheta_\mathrm{I} > \vartheta_\mathrm{II}$). Dann stellt sich eine bestimmte, für alle Schichten gleiche Wärmestromdichte nach folgender Beziehung ein:

$$q = \frac{\lambda_1}{\delta_1}(\vartheta_\mathrm{I} - \vartheta_\mathrm{a}) = \frac{\lambda_2}{\delta_2}(\vartheta_\mathrm{a} - \vartheta_\mathrm{b}) = \cdots = \frac{\lambda_n}{\delta}(\vartheta_\mathrm{I} - \vartheta_\mathrm{II}).$$

Darin sind $\vartheta_\mathrm{a}, \vartheta_\mathrm{b}, \ldots$ die Temperaturen an den inneren Schichtgrenzen

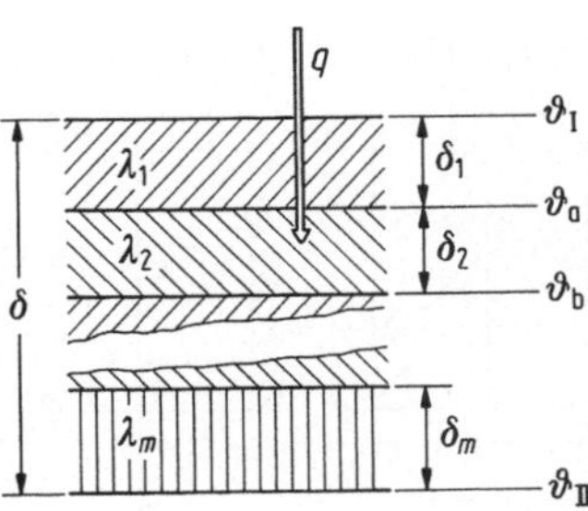

Bild 2.2. Wärmestrom normal zur Schichtung

und $\delta = \sum\limits_{j=1}^{m} \delta_j$ die Gesamtdicke. λ_n ist die effektive Wärmeleitfähigkeit normal zur Schichtung, für die wir nach Eliminierung der Innentemperaturen $\vartheta_a, \vartheta_b, \ldots$ die Beziehung

$$\lambda_n = \frac{\delta_1 + \delta_2 + \cdots}{\delta_1/\lambda_1 + \delta_2/\lambda_2 + \cdots} = \frac{\delta}{\sum\limits_{j=1}^{m} \delta_j/\lambda_j} \tag{2.16}$$

erhalten. Es handelt sich um eine Hintereinanderschaltung von Widerständen, bei der sich die reziproken Teil-Leitfähigkeiten addieren. Das wird besonders deutlich, wenn wir Gl. (2.16) in folgender Form schreiben:

$$\frac{\delta}{\lambda_n} = \frac{\delta_1}{\lambda_1} + \frac{\delta_2}{\lambda_2} + \cdots = \sum\limits_{j=1}^{m} \frac{\delta_j}{\lambda_j}. \tag{2.17}$$

2.3.2 Wärmestrom parallel zur Schichtung

Nach Bild 2.3 besteht der Körper aus m Schichten der Dicken $s_1, s_2, \ldots, s_m$ mit den dazugehörigen Wärmeleitfähigkeiten $\lambda_1, \lambda_2, \ldots, \lambda_m$. Die Gesamtdicke ist $s = \sum\limits_{j=1}^{m} s_j$.

Werden zwei Ebenen normal zur Schichtung im Abstand δ auf den Temperaturen ϑ_I und ϑ_{II} gehalten ($\vartheta_I > \vartheta_{II}$), so lassen sich die einzelnen Teilwärmeströme in der Form

$$\Phi_1 = \lambda_1 \frac{s_1 l}{\delta}(\vartheta_I - \vartheta_{II}), \qquad \Phi_2 = \lambda_2 \frac{s_2 l}{\delta}(\vartheta_I - \vartheta_{II}), \qquad \text{u.s.w.} \tag{2.18}$$

anschreiben, wobei l eine konstante Länge senkrecht zur Zeichenebene bedeutet. Die einzelnen Teilwärmeströme addieren sich zum gesamten Wärmestrom nach der Beziehung

$$\Phi = \Phi_1 + \Phi_2 + \cdots = \lambda_p \frac{s l}{\delta}(\vartheta_I - \vartheta_{II}), \tag{2.19}$$

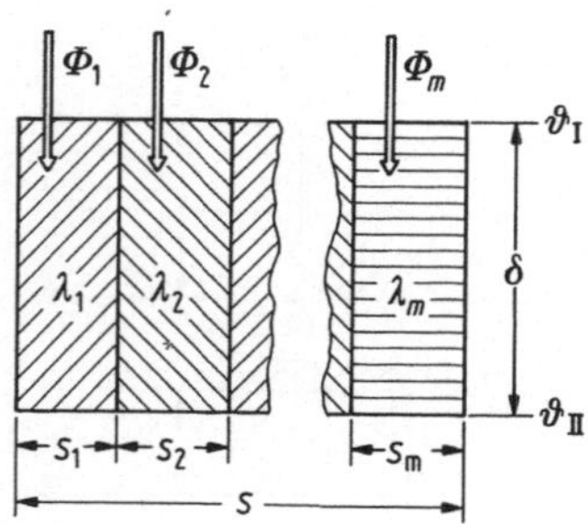

Bild 2.3. Wärmestrom parallel zur Schichtung

worin λ_p die effektive Wärmeleitfähigkeit parallel zur Schichtung bedeutet. Setzen wir die Ausdrücke aus Gl. (2.18) in Gl. (2.19) ein, so erhalten wir

$$\Phi = \frac{l}{\delta} (\vartheta_{\mathrm{I}} - \vartheta_{\mathrm{II}})(\lambda_1 s_1 + \lambda_2 s_2 + \cdots)$$

und durch Vergleich mit dem rechten Teil von Gl. (2.19):

$$\lambda_p = \frac{\lambda_1 s_1 + \lambda_2 s_2 + \cdots}{s_1 + s_2 + \cdots} = \frac{\sum\limits_{j=1}^{m} \lambda_j s_j}{s}. \tag{2.20}$$

2.3.3 Vergleich zwischen λ_n und λ_p

Das Verhältnis der beiden effektiven Wärmeleitfähigkeiten wird

$$\frac{\lambda_p}{\lambda_n} = \frac{\sum\limits_{j=1}^{m} \lambda_j s_j \sum\limits_{j=1}^{m} \delta_j/\lambda_j}{s\,\delta}.$$

An ein und derselben Probe geht s in δ über und wir erhalten

$$\frac{\lambda_p}{\lambda_n} = \frac{1}{\delta^2} (\lambda_1 \delta_1 + \lambda_2 \delta_2 + \cdots)\left(\frac{\delta_1}{\lambda_1} + \frac{\delta_2}{\lambda_2} + \cdots\right) \geqq 1. \tag{2.21}$$

λ_p/λ_n ist nur für den Sonderfall $\lambda_1 = \lambda_2 = \cdots$ gleich Eins (isotroper Körper), im übrigen immer größer als Eins, wie man durch Ausmultiplizieren leicht erkennt.

In der Praxis hat man es häufig mit geschichteten Stoffen zu tun, die aus je m Schichten zweier Materialien mit den Schichtdicken δ_1 und δ_2 und den zugehörigen Wärmeleitfähigkeiten λ_1 und λ_2 bestehen. Die Gesamtdicke ist dann $\delta = m\,\delta_1 + m\,\delta_2 = m\,\delta_1(1 + a)$ mit $a = \delta_2/\delta_1$ als dem konstanten Dickenverhältnis. Damit wird

$$\frac{\lambda_p}{\lambda_n} = \frac{\lambda_1 + a\,\lambda_2}{(1+a)^2}\left(\frac{1}{\lambda_1} + \frac{a}{\lambda_2}\right) = 1 + \frac{a(\lambda^* - 2)}{(1+a)^2}, \tag{2.22}$$

wenn die Abkürzung $\lambda^* = (\lambda_1/\lambda_2) + (\lambda_2/\lambda_1) \geqq 2$ eingeführt wird. Da λ^* symmetrisch in den Indizes 1 und 2 ist, spielt die Vertauschung der beiden Materialien keine Rolle. Aus Gl. (2.22) erhält man den Maximalwert für $a = 1$ oder $\delta_1 = \delta_2$:

$$\left(\frac{\lambda_p}{\lambda_n}\right)_{\max} = \frac{\lambda^* + 2}{4}. \tag{2.23}$$

Beispiel 2.2: An einem Schichtstoff aus zwei unbekannten Materialien mit gleicher Schichtdicke ($a=1$) habe man in einer Plattenapparatur das Verhältnis $\lambda_p/\lambda_n = 2$ gemessen. Dann ist nach Gl. (2.23) $\lambda^* = 6$ und $\lambda_1/\lambda_2 = 5{,}83$ oder $0{,}17$.

Beispiel 2.3: Eine Sandwichplatte bestehe aus Kupferplatten ($\lambda_1 = 390\,\text{W/Km}$), die mit gleichstarken Platten aus Hartschaum ($\lambda_2 = 0{,}03\,\text{W/Km}$) verklebt sind. Es ist $\lambda_1/\lambda_2 = 13\,000$ und $\lambda^* \approx 13\,000$. Damit wird $\lambda_p/\lambda_n \approx 3250$.

2.4 Größenordnung von Wärmestromdichten und Koeffizienten

Da es für Überschlagsrechnungen von Vorteil sein kann, ohne lange Vorbereitung die richtige Größenordnung zu treffen, sind in den Tabellen 2.3 bis 2.6 einige Anhaltswerte mitgeteilt. Neben den bereits verwendeten Größen q, λ, a und α ist auch der Wärmeeindringkoeffizient

$$b = \lambda/a^{1/2} = (\lambda \, \rho \, c_p)^{1/2}$$

(SI-Einheit $\text{Ws}^{1/2}/\text{Km}^2$) aufgenommen, der z.B. angibt, wie groß die in einen Körper in einer bestimmten Zeit nach plötzlicher Erhöhung der Oberflächentemperatur eingedrungene Wärmemenge ist.

An Tabelle 2.4 ist bemerkenswert, daß die Temperaturleitfähigkeiten a für Metalle und Gase von gleicher Größenordnung sind. Temperaturunterschiede in einer Metallschicht gleichen sich also genau so schnell aus wie in einem Luftspalt.

Tabelle 2.3. Wärmestromdichten q in W/m^2 oder W/cm^2

Wärmestrom aus der Erdkruste	$0{,}063\,\text{W/m}^2$
noch spürbare Wärmestrahlung auf der Haut	$40\,\text{W/m}^2$
Schmerzgrenze der Wärmestrahlung	1500 bis $2500\,\text{W/m}^2$
Wärmeabgabe des menschlichen Körpers	$50\,\text{W/m}^2$
Gegenstrahlung der wolkenlosen Atmosphäre	$200\,\text{W/m}^2$
elektrische Beheizung von Fahrbahnen im Winter	
(Bundesrepublik Deutschland)	70 bis $350\,\text{W/m}^2$
Deckenstrahlungsheizung	$100\,\text{W/m}^2$
Warmwasserheizung (am Heizkörper)	$500\,\text{W/m}^2$
Sonne im Hochsommer	500 bis $800\,\text{W/m}^2$
Solarkonstante	$1326\,\text{W/m}^2$
technische Heizungen von Behältern, Haushaltsgeräte	1 bis $8\,\text{W/cm}^2$
Bensonkessel, hochbelastete Siederohre	$50\,\text{W/cm}^2$
Brennelement im Kernreaktor	$100\,\text{W/cm}^2$
Kühlung von Raketendüsen	$4500\,\text{W/cm}^2$

Tabelle 2.4. Wärmeleitfähigkeiten λ und Temperaturleitfähigkeiten a

	λ W/Km	a $10^{-6}\ \mathrm{m^2/s}$
Metalle	5 bis 400	3 bis 100
anorganische Feststoffe	0,5 bis 10	0,5 bis 1
Gesteine	1,6 bis 2,9	1 bis 1,4
organische Feststoffe	0,1 bis 1	0,1
Flüssigkeiten	0,1 bis 1	0,1
Gase	0,01 bis 0,2	3 bis 100

Tabelle 2.5. Wärmeübergangskoeffizienten α in $\mathrm{W/Km^2}$

Freie Konvektion			
Gase	3	bis	20
Wasser	100	bis	600
siedendes Wasser	1000	bis	20000
Zwangskonvektion			
Gase	10	bis	100
zähe Flüssigkeiten	50	bis	500
Wasser	500	bis	10000
Kondensierender Dampf	1000	bis	100000

Tabelle 2.6. Wärmeeindringkoeffizienten $b = \lambda/a^{1/2} = (\lambda\rho c_p)^{1/2}$ in $\mathrm{Ws^{1/2}/Km^2}$

Kupfer	36 000	Sandboden	1 200
Eisen	15 000	Holz	400
Beton	1 600	Schaumstoff	40
Wasser	1 400	Gase	6

3. Stationäre eindimensionale Wärmeleitung

3.1 Einführende Bemerkungen

Wir betrachten einen isotropen Körper ohne innere Wärmequellen, dessen Temperaturverteilung $\vartheta(x, y, z)$ nicht von der Zeit abhängt ($\partial\vartheta/\partial t = 0$, stationäre Wärmeleitung). Dann gilt nach Gl. (1.3)

$$\operatorname{div}(\lambda \operatorname{grad}\vartheta) = 0, \tag{3.1}$$

oder bei temperaturunabhängiger Wärmeleitfähigkeit λ die Potentialgleichung nach Laplace

$$\Delta\vartheta = 0. \tag{3.2}$$

Entsprechend der Bedeutung des Laplace-Operators Δ für die drei eindimensionalen Fälle, der ebenen Platte, des Hohlzylinders und der Hohlkugel, läßt sich Gl. (3.2) auch in der Form

$$\frac{d^2\vartheta}{dr^2} + \frac{n}{r}\frac{d\vartheta}{dr} = 0 \tag{3.3}$$

anschreiben, wenn r eine Längenkoordinate bedeutet, die bei der Platte von einem beliebigen Anfangspunkt, bei Zylinder und Kugel als Radius vom Mittelpunkt gerechnet wird. Die Zahl n ist $n = 0$ für die Platte, $n = 1$ für den Zylinder und $n = 2$ für die Kugel. Als Randbedingung seien 2 Temperaturen vorgegeben (Randbedingung 1. Art), nämlich

$$\vartheta = \vartheta_i \quad \text{für} \quad r = r_i \ \text{(innen)},$$
$$\vartheta = \vartheta_a \quad \text{für} \quad r = r_a \ \text{(außen)}.$$

Bezeichnen wir noch die Plattendicke mit $\delta = r_a - r_i$, so erhalten wir folgende 3 Lösungen von Gl. (3.3), die in Bild 3.1 schematisch dargestellt sind:

$$\frac{\vartheta - \vartheta_a}{\vartheta_i - \vartheta_a} = \frac{r_a - r}{r_a - r_i} = \frac{r_a - r}{\delta} \qquad \text{(Platte)}, \tag{3.4}$$

$$\frac{\vartheta - \vartheta_a}{\vartheta_i - \vartheta_a} = \frac{\ln(r_a/r)}{\ln(r_a/r_i)} \qquad \text{(Zylinder)}, \tag{3.5}$$

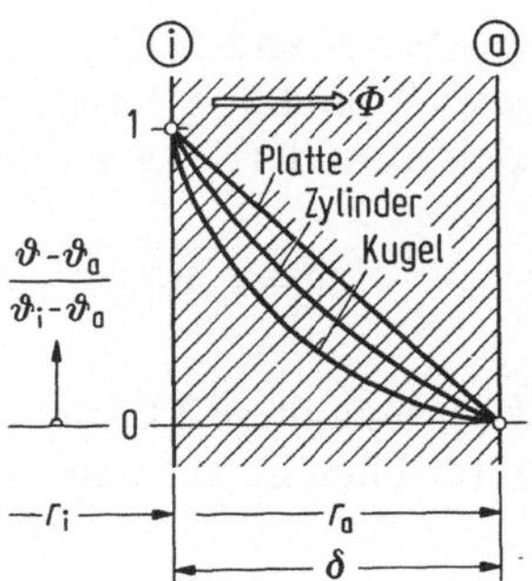

Bild 3.1. Stationärer Temperaturverlauf in der ebenen Platte, dem Hohlzylinder und der Hohlkugel

$$\frac{\vartheta - \vartheta_a}{\vartheta_i - \vartheta_a} = \frac{1/r - 1/r_a}{1/r_i - 1/r_a} \qquad \text{(Kugel)}. \tag{3.6}$$

Die Gleichungen für den Wärmestrom Φ von r_i nach r_a lauten, wenn bei der Platte A die wärmedurchströmte Fläche und beim Zylinder l die Länge bedeuten:

$$\Phi = \lambda A \frac{\vartheta_i - \vartheta_a}{r_a - r_i} = \lambda \frac{A}{\delta} (\vartheta_i - \vartheta_a) \qquad \text{(Platte)}, \tag{3.7}$$

$$\Phi = \frac{2\pi \lambda l (\vartheta_i - \vartheta_a)}{\ln(r_a/r_i)} \qquad \text{(Zylinder)}, \tag{3.8}$$

$$\Phi = \frac{4\pi \lambda (\vartheta_i - \vartheta_a)}{1/r_i - 1/r_a} \qquad \text{(Kugel)}. \tag{3.9}$$

Aus den Gl. (3.8) und (3.9) kann man ableiten, daß sich die dünne Zylinder- und Kugelschale wie eine ebene Wand behandeln lassen. Die Oberfläche einer Kugel mit dem Radius r_i im ausgedehnten Medium $(1/r_a \to 0)$ gibt den Wärmestrom

$$\Phi = 4\pi \lambda r_i (\vartheta_i - \vartheta_a) \tag{3.10}$$

ab, wobei ϑ_a die Temperatur in großer Entfernung bedeutet.

3.2 Péclet-Gleichungen

Die in Abschnitt 3.1 abgeleiteten Gln. (3.7) bis (3.9) sollen jetzt für die Randbedingung 3. Art nach Abschnitt 1.3 erweitert werden. In Bild 3.2 ist der Wärmedurchgang durch eine ebene Wand zwischen zwei Fluiden mit den Temperaturen ϑ_i und ϑ_a und den Wärmeübergangskoeffizienten α_i und α_a schematisch dargestellt. Die Wandtemperaturen sind jetzt ϑ_1 und ϑ_2. Der stationäre Wärmestrom Φ durch die Fläche A läßt sich mit Gl. (1.7) wie folgt anschreiben:

$$\Phi = \alpha_i A(\vartheta_i - \vartheta_1) = \lambda \frac{A}{\delta}(\vartheta_1 - \vartheta_2) = \alpha_a A(\vartheta_2 - \vartheta_a). \tag{3.11}$$

Löst man diese 3 Gleichungen nach der jeweiligen „treibenden" Temperaturdifferenz auf und addiert diese, so erhält man

$$\Phi = \frac{A(\vartheta_i - \vartheta_a)}{\dfrac{1}{\alpha_i} + \dfrac{\delta}{\lambda} + \dfrac{1}{\alpha_a}} = k A(\vartheta_i - \vartheta_a). \tag{3.12}$$

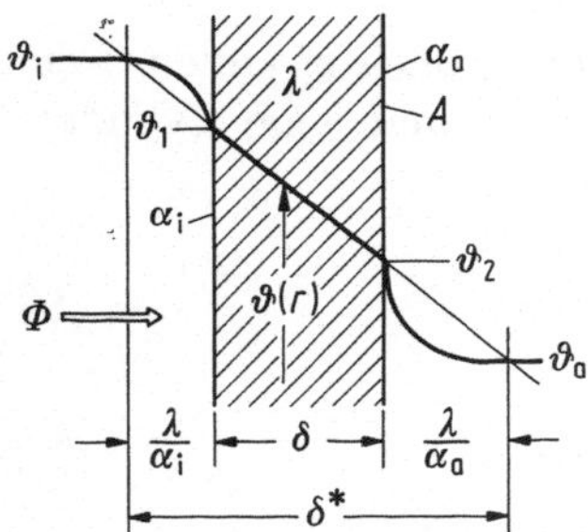

Bild 3.2. Zur Ableitung der Péclet-Gleichung

Hierin ist k der Wärmedurchgangskoeffizient, der für die ebene Platte durch die Gleichung

$$\frac{1}{k} = \frac{1}{\alpha_i} + \frac{\delta}{\lambda} + \frac{1}{\alpha_a} \quad \text{(Platte)} \tag{3.13}$$

definiert ist. Es handelt sich um 3 hintereinandergeschaltete Widerstände, so daß sich die reziproken Leitfähigkeiten addieren. k ist mit α dimensionsgleich. Besteht die Wand aus m Schichten der Dicken δ_j und der Wärmeleitfähigkeiten λ_j, so ist Gl. (3.13) zu ersetzen durch die Beziehung

$$\frac{1}{k} = \frac{1}{\alpha_i} + \sum_{j=1}^{m} \frac{\delta_j}{\lambda_j} + \frac{1}{\alpha_a} \quad \text{(Platte)}. \tag{3.14}$$

Man kann gemäß Bild 3.2 auch eine fiktive Wanddicke

$$\delta^* = \lambda/\alpha_i + \delta + \lambda/\alpha_a$$

einführen (vgl. Hilfswandmethode nach Abschnitt 1.3). Der Wärmestrom läßt sich dann in der Form

$$\Phi = A\,\lambda(\vartheta_i - \vartheta_a)/\delta^*$$

schreiben.

In Analogie zu Gl. (3.12) erhält man für den Wärmestrom durch den Hohlzylinder und die Hohlkugel die Gleichungen

$$\Phi = \frac{2\pi\,l(\vartheta_i - \vartheta_a)}{\dfrac{1}{\alpha_i\,r_i} + \sum\limits_{j=1}^{m}\left(\dfrac{\ln(r_{2j}/r_{1j})}{\lambda_j}\right) + \dfrac{1}{\alpha_a\,r_a}} \qquad \text{(Zylinder).} \qquad (3.15)$$

$$\Phi = \frac{4\pi(\vartheta_i - \vartheta_a)}{\dfrac{1}{\alpha_i\,r_i^2} + \sum\limits_{j=1}^{m}\left(\dfrac{1}{\lambda_j}\left(\dfrac{1}{r_{1j}} - \dfrac{1}{r_{2j}}\right)\right) + \dfrac{1}{\alpha_a\,r_a^2}} \qquad \text{(Kugel).} \qquad (3.16)$$

In Gl. (3.15) und (3.16) bedeuten r_i und r_a die beiden begrenzenden Radien des Hohlzylinders und der Hohlkugel, r_{2j} und r_{1j} die begrenzenden Radien einer Schicht mit der Wärmeleitfähigkeit λ_j.

Die Gln. (3.12), (3.15) und (3.16) werden nach ihrem Entdecker Péclet-Gleichungen genannt. Man kann mit ihrer Hilfe insbesondere den Anteil der einzelnen Summanden im Nenner abschätzen und damit entscheiden, wo Verbesserungen am ehesten lohnen.

Beispiel 3.1: Die feuerfeste Auskleidung eines Industrieofens habe eine Dicke $\delta = 0{,}25\,\mathrm{m}$ und eine Wärmeleitfähigkeit $\lambda = 1\,\mathrm{W/Km}$. Der Einfluß der Stahlwand ist zu vernachlässigen. Mit den Werten $\alpha_i = 100\,\mathrm{W/Km^2}$ und $\alpha_a = 10\,\mathrm{W/Km^2}$ erhält man für die Summanden der Gl. (3.14):

$$\frac{1}{\alpha_i} = \frac{1}{100}\,\frac{\mathrm{Km^2}}{\mathrm{W}} = 0{,}01\,\frac{\mathrm{Km^2}}{\mathrm{W}}$$

$$\frac{\delta}{\lambda} = \frac{0{,}25\,\mathrm{m}}{1\,\mathrm{W/Km}} = 0{,}25\,\frac{\mathrm{Km^2}}{\mathrm{W}}$$

$$\frac{1}{\alpha_a} = \frac{1}{10}\,\frac{\mathrm{Km^2}}{\mathrm{W}} = 0{,}10\,\frac{\mathrm{Km^2}}{\mathrm{W}}$$

$$\frac{1}{k} = \qquad\qquad 0{,}36\,\frac{\mathrm{Km^2}}{\mathrm{W}}$$

Herrscht innen eine Temperatur von $\vartheta_i = 700\,^\circ\mathrm{C}$ und außen von $\vartheta_a = 20\,^\circ\mathrm{C}$, so ist die Wärmestromdichte

$$q = \frac{\Phi}{A} = k(\vartheta_i - \vartheta_a) = \frac{(700 - 20)\,\mathrm{K}}{0{,}36\,\mathrm{Km^2/W}} = 1{,}89\,\frac{\mathrm{kW}}{\mathrm{m^2}}.$$

Zur Verringerung dieses Wärmeverlustes soll außen eine Isolierung mit $\delta_1 = 0{,}05\,\mathrm{m}$ und $\lambda_1 = 0{,}1\,\mathrm{W/Km}$ aufgebracht werden, wodurch sich $1/k$ um den Summanden $\delta_1/\lambda_1 = 0{,}5\,\mathrm{Km^2/W}$ erhöht auf $1/k = 0{,}86\,\mathrm{Km^2/W}$ und $q = 791\,\mathrm{W/m^2}$ wird.

Beispiel 3.2: Die Zwischentemperaturen des obigen Beispiels können nach Gl. (3.11) berechnet oder einfach nach Bild 3.3 graphisch ermittelt werden, indem man ϑ über $1/\alpha_i + \delta/\lambda + 1/\alpha_a$ aufträgt. Die Gerade a entspricht dem Fall ohne Isolierung. Die Außenwandtemperatur ist 208 °C, die Wärmestromdichte ist proportional zu $\tan\beta$. Durch die Isolierung (Gerade b) vermindert sich die Außenwandtemperatur auf 98 °C, an der Grenze zwischen Isolierung und feuerfester Auskleidung herrschen 495 °C, die Wärmestromdichte ist proportional zu $\tan\gamma$. Der Temperaturabfall an der Innenwand, verursacht durch α_i, ist sehr gering.

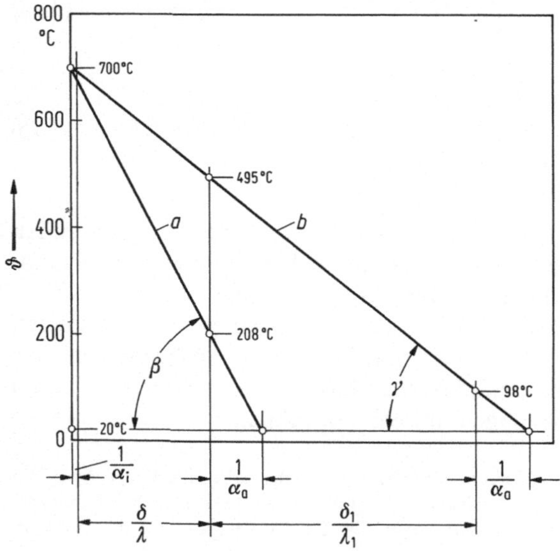

Bild 3.3. Graphische Ermittlung der Temperaturen in einer Ofenwand ohne (Gerade a) und mit.(Gerade b) Isolierung

Eine auf einen Zylinder oder eine Kugel aufgebrachte Schicht der Dicke $\delta = r_a - r_i$ kann den Wärmestrom auch erhöhen, weil mit der Schicht zwar ein Wärmewiderstand erzeugt, aber auch die wärmeabgebende Fläche vergrößert wird. Schreibt man den Wärmestrom für den Zylinder bei Vernachlässigung des inneren Wärmewiderstands ($1/\alpha_i = 0$) in der Form

$$\Phi = \frac{2\pi\,\lambda\,l(\vartheta_i - \vartheta_a)}{\ln\left(1 + \dfrac{\delta}{r_i}\right) + \lambda \Big/ \left(\alpha_a\,r_i\left(1 + \dfrac{\delta}{r_i}\right)\right)}$$

und differenziert Φ nach δ, so ist diese Ableitung positiv im Bereich

$$\frac{\alpha_a\,r_a}{\lambda} < 1. \tag{3.17}$$

Das bedeutet, daß eine aufgebrachte Schicht den Wärmestrom Φ erhöht, solange $r_a < \lambda/\alpha_a$ ist.

Für die Kugel gilt $r_a < 2\lambda/\alpha_a$. Beispiele für erwünschte Erhöhung von Φ durch eine aufgebrachte Schicht sind isolierte elektrische Freileitungen und bereifte Rohre in Kälteanlagen.

3.3 Quasistationäre Wärmeleitung

Häufig verlaufen Temperaturänderungen so langsam, daß man zu jedem Zeitpunkt stationären Zustand annehmen kann (quasistationäre Behandlung). Unter Benutzung der bisher abgeleiteten Beziehungen lassen sich damit einige wichtige Anwendungsfälle behandeln.

3.3.1 Wärmeverlust isolierter Rohre

Bei Rohren kann man in Gl. (3.15) fast immer $\alpha_i \gg \alpha_a$ setzen. Damit wird die Rohrwandtemperatur gleich der Temperatur des strömenden Fluids. Für den auf die Rohrlänge l bezogenen Wärmeverlust erhält man dann

$$\Phi_l = \frac{\Phi}{l} = \frac{2\pi\,\lambda(\vartheta_i - \vartheta_a)}{\ln(r_a/r_i) + \lambda/r_a\alpha_a}. \tag{3.18}$$

Von der Bedingung Gl. (3.17) ist man in praktischen Fällen weit entfernt. Der Einfluß von α_a ist meist gering, so daß eine Schätzung genügt. Auch der Einfluß der metallenen Rohrwand ist in der Regel zu vernachlässigen.

Beispiel 3.3: Eine Ölleitung mit 100/108 mm Durchmesser ist mit Glaswolle isoliert, Isolierdicke $s = 50$ mm. Die Betriebswärmeleitfähigkeit der Isolierung (rund 20 % über dem im Laboratorium gemessenen Wert) betrage $\lambda_B = 0{,}042$ W/Km. Öltemperatur $\vartheta_i = 50\,°$C, Außentemperatur $\vartheta_a = -15\,°$C, $\alpha_a = 30$ W/Km^2 (starker Wind). Damit wird nach Gl. (3.18) $\Phi_l = 25{,}7$ W/m.

3.3.2 Temperaturabfall in Rohrleitungen

Die Wärmebilanz für die Abkühlung des Fluids an einer beliebigen Stelle x der Leitung für ein Längenstück $\mathrm{d}x$ lautet mit Gl. (3.18)

$$-\dot{m}\,c_p\,\mathrm{d}\vartheta_i = (\Phi_l)_x\,\mathrm{d}x = \frac{2\pi\,\lambda(\vartheta_i - \vartheta_a)\,\mathrm{d}x}{\ln(r_a/r_i) + \lambda/r_a\alpha_a}, \tag{3.19}$$

wenn $\dot{m}$ den Massenstrom (SI-Einheit kg/s) und c_p die isobare spezifische Wärmekapazität des Fluids bedeuten. Mit der Eintrittstemperatur ϑ_1 bei $x = 0$ und der gesuchten Austrittstemperatur ϑ_2 bei $x = l$ erhält man durch Integration von Gl. (3.19)

$$\ln\left(\frac{\vartheta_2 - \vartheta_a}{\vartheta_1 - \vartheta_a}\right) = -\frac{l(\Phi_l)_0}{\dot{m}\,c_p(\vartheta_1 - \vartheta_a)}, \tag{3.20}$$

wenn $(\Phi_l)_0$ den bezogenen Wärmeverlust bei $x = 0$, also mit $\vartheta_i = \vartheta_1$ bedeutet. Ist $(\vartheta_1 - \vartheta_2) \ll (\vartheta_1 - \vartheta_a)$, so kann man Gl. (3.20) linearisieren [1] und erhält

$$\vartheta_1 - \vartheta_2 = \frac{l(\Phi_l)_0}{\dot{m}\,c_p}. \tag{3.21}$$

Beispiel 3.4: Die im Abschnitt 3.3.1 als Beispiel behandelte Ölleitung habe eine Länge $l = 10\,\text{km}$. Mit $\dot{m} = 6{,}4\,\text{kg/s}$ und $c_p = 2{,}1\,\text{kJ/kg K}$ und mit dem bereits berechneten Wert Φ_l, der hier als $(\Phi_l)_0 = 25{,}7\,\text{W/m}$ bei $x = 0$ zu betrachten ist, erhält man

$$\ln\left(\frac{\vartheta_2 - \vartheta_a}{\vartheta_1 - \vartheta_a}\right) = -0{,}294.$$

Mit $\vartheta_1 = 50\,°\text{C}$ und $\vartheta_a = -15\,°\text{C}$ wird $\vartheta_2 - \vartheta_a = 48{,}5\,\text{K}$ und $\vartheta_2 = 33{,}5\,°\text{C} \approx 34\,°\text{C}$, so daß für die Abkühlung $\vartheta_1 - \vartheta_2 \approx 16\,\text{K}$ folgt.

3.3.3 Wirtschaftlichste Isolierdicke

Eine Isolierung verringert die Wärmeverluste und damit auch deren Kosten, erzeugt aber auch Kosten durch Verzinsung und Amortisation des aufgewandten Kapitals. Als wirtschaftlichste Isolierdicke bezeichnet man jene, bei der die Summe aus Wärmeverlustkosten und Kapitalkosten einen Mindestwert hat. Sie kann dadurch gefunden werden, daß man für mehrere Isolierdicken diese Kosten berechnet und dann das Minimum der Kostensumme aufsucht. Da dieses Verfahren sehr umständlich ist, wird im folgenden die unmittelbare Berechnung der wirtschaftlichsten Isolierdicke einer Rohrleitung mit Hilfe dimensionsloser Kenngrößen beschrieben [2].
Die Wärmeverluste eines isolierten Rohres, bezogen auf die Rohrlänge l, sind entsprechend Gl. (3.8).

$$\phi_l = \frac{2\pi\lambda(\vartheta_1 - \vartheta_2)}{\ln(d_a/d_i)} = \frac{2\pi\lambda\vartheta}{\ln\delta}. \tag{3.22}$$

Damit ist $\vartheta = \vartheta_1 - \vartheta_2$ die Temperaturdifferenz innerhalb der Isolierung, also zwischen der Temperatur ϑ_1 am inneren Durchmesser d_i, der zugleich Außendurchmesser des Rohres ist, und der Temperatur ϑ_2

---

[1] $\ln(1 - \bar{y}) \approx -y$ mit $y = (\vartheta_1 - \vartheta_2)/(\vartheta_1 - \vartheta_a)$

[2] Grigull, U.: Die Ermittlung der wirtschaftlichsten Isolierdicke. Brennstoff-Wärme-Kraft 2 (1950), S. 125–127 und Arbeitsblatt 5. – VDI-Richtlinien „Wärme- und Kälteschutz" VDI 2055. März 1982.

am äußeren Durchmesser d_a. Die innere Temperatur ϑ_1 kann im allgemeinen gleich der Temperatur des strömenden Mediums gesetzt, die Temperatur ϑ_2 der äußeren Wand der Isolierung kann mit dem nach Tabelle 2.5 geschätzten Wärmeübergangskoeffizienten berechnet werden. Mit $\delta = d_a/d_i$ ist das Durchmesserverhältnis der Isolierung bezeichnet.

Die Kosten W dieser Wärmeverluste Φ_l betragen

$$W = \Phi_l \cdot b \cdot w, \tag{3.23}$$

wenn b die Benutzungsdauer der Anlage (etwa in Stunden je Jahr, h/a), und w den Wärmepreis (etwa in DM/kWh) bedeuten. Die Kosten W sind auf die Rohrlänge und die Zeit bezogen (etwa in DM/m a).

Den Kapitaldienst P der Isolierung erhält man aus der Beziehung

$$P = k \cdot \pi \cdot d_a \cdot p, \tag{3.24}$$

wobei k die Kosten der Isolierung, bezogen auf die äußere Oberfläche (etwa in DM/m^2), $\pi \cdot d_a$ den äußeren Umfang der Isolierung und p den Prozentsatz der Verzinsung und Amortisation bedeuten. Dieser Prozentsatz ist eine Zeitkonstante mit der Dimension einer reziproken Zeit, die etwa in der Einheit %/a angegeben wird. Die Kosten k einer Isolierung steigen im allgemeinen mit steigender Isolierdicke s. Man kommt in vielen Fällen mit dem linearen Ansatz

$$k = k_0 + k' s \tag{3.25}$$

aus, bei dem k' die Kostenstaffelung, also die Zunahme des Preises mit der Isolierdicke (etwa in DM/m^2 cm) und k_0 den Grundpreis, extrapoliert auf die Isolierdicke $s = 0$, bedeuten. Bei anderer als linearer Kostenstruktur kann man im zu erwartenden Bereich der Isolierdicke den linearen Ansatz verwenden und, wenn nötig, die Rechnung iterativ verbessern.

Die wirtschaftlichste Isolierdicke s_w erhält man aus der Bedingung

$$W + P \to \text{Min.} \tag{3.26}$$

Setzt man die in den Gln. (3.22) bis (3.25) angegebenen Beziehungen in Gl. (3.26) ein und verwendet noch für die Isolierdicke s den Ausdruck

$$s = (d_a - d_i)/2 = d_i(\delta - 1)/2, \tag{3.27}$$

so erhält man

$$\frac{2\pi\lambda\vartheta bw}{\ln\delta} + \pi d_i\, p\left[\delta k_0 + \frac{d_i k'}{2}(\delta^2 - \delta)\right] \to \text{Min.} \tag{3.28}$$

Differenziert man diesen Ausdruck nach δ und stetzt das Ergebnis gleich Null, so entsteht die folgende transzendente Beziehung für das Durchmesserverhältnis δ, dem nach Gl. (3.27) die wirtschaftlichste Isolierdicke s_w entspricht:

$$\frac{2\lambda\vartheta bw}{d_i p k_0}\frac{1}{\delta(\ln\delta)^2}-\frac{d_i k'}{2k_0}(2\delta-1)=1$$

oder

$$\frac{2B}{\delta(\ln\delta)^2}-K(2\delta-1)=1 \tag{3.29}$$

mit der Betriebskennzahl

$$B=\frac{\lambda\vartheta bw}{d_i p k_0} \tag{3.30}$$

und der Kostenkennzahl

$$K=\frac{d_i k'}{2k_0}. \tag{3.31}$$

Gleichung (3.29) ist in Bild 3.4 dargestellt, wobei statt des Durchmesserverhältnisses δ die bezogene wirtschaftlichste Isolierdicke $\sigma=s_w/d_i$ $=(\delta-1)/2$ als abhängige Variable gewählt wurde.

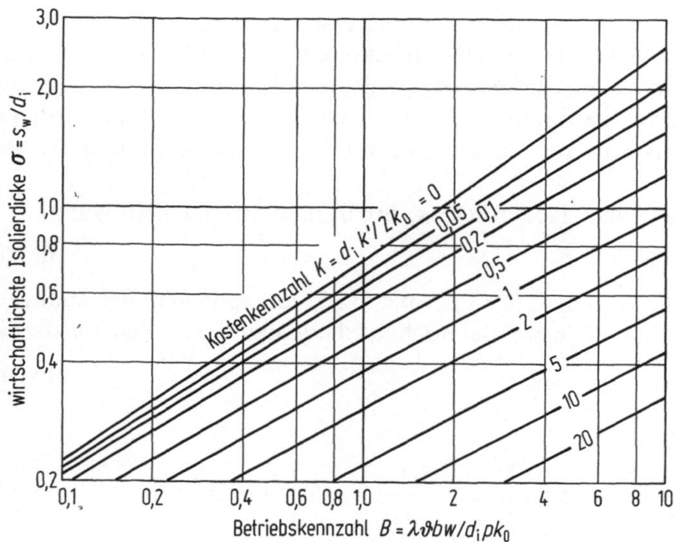

Bild 3.4. Bezogene wirtschaftlichste Isolierdicke σ als Funktion der Betriebskennzahl B und der Kostenkennzahl K.

Beispiel 3.5: Gesucht ist die wirtschaftlichste Isolierdicke eines Heißdampfrohres von 267 mm Außendurchmesser mit folgenden gegebenen Größen:

Innendurchmesser der Isolierung $d_i = 0{,}267$ m,
Temperaturdifferenz $\vartheta = \vartheta_1 - \vartheta_2 = 250$ K, berechnet aus Dampf- und Umgebungstemperatur,
Benutzungsdauer $b = 8000$ h/a, das sind 91% der 8760 möglichen Stunden,
Betriebswärmeleitfähigkeit $\lambda = 0{,}05$ W/K m,
Wärmepreis $w = 10$ Pf/kWh $= 1 \cdot 10^{-4}$ DM/Wh,
Verzinsung und Amortisation $p = 20\%/a = 0{,}2/a$,
Grundpreis der Isolierung (extrapoliert auf $s = 0$) $k_0 = 50$ DM/m^2,
Kostenstaffelung $k' = 2$ DM/m^2 cm $= 200$ DM/m^3.

Hieraus berechnet man:

die Betriebskennzahl $\quad B = \dfrac{\lambda \vartheta b w}{d_i p k_0} = 3{,}75$

und die Kostenkennzahl $K = \dfrac{d_i k'}{2 k_0} = 0{,}534$.

Aus Bild 3.4 erhält man damit eine bezogene wirtschaftlichste Isolierdicke $\sigma = s_w/d_i = 0{,}79$ und damit $s_w = \sigma d_i = 211$ mm ≈ 210 mm.

3.3.4 Abkühlung von Behältern

Hat der Behälterinhalt eine einheitliche Temperatur ϑ_i, was z.B. durch Rühren zu erreichen ist, und kann neben dem Wärmeleitwiderstand der Behälterwand (Index B) auch der innere Wärmeübergangswiderstand vernachlässigt werden $(1/\alpha_i + s_B/\lambda_B \ll 1/\alpha_a)$, so lautet die Wärmebilanz für ein Zeitelement dt

$$-m \, \dot{c}_p \, d\vartheta_i = \alpha_a A (\vartheta_i - \vartheta_a) \, dt, \tag{3.32}$$

wenn m die Masse des Inhalts und A die Oberfläche des Behälters bedeuten. Bei isolierten Behältern ist α_a durch k zu ersetzen $(1/k = 1/\alpha_a + s/\lambda)$. Mit $\vartheta_i = \vartheta_0$ für $t = 0$ erhält man durch Integration von Gl. (3.32)

$$\ln\left(\frac{\vartheta_i - \vartheta_a}{\vartheta_0 - \vartheta_a}\right) = -\frac{kAt}{mc_p} = -\frac{kAt}{V\rho c_p} = -t/\tau, \tag{3.33}$$

wenn V das Behältervolumen, ρ die Dichte des Inhalts und $\tau = m c_p/kA$ die Zeitkonstante bedeuten. Für $(\vartheta_0 - \vartheta_i) \ll (\vartheta_0 - \vartheta_a)$ ergibt die Linearisierung von Gl. (3.33)

$$\vartheta_0 - \vartheta_i = \frac{k(\vartheta_0 - \vartheta_a) A t}{V\rho c_p} = (\vartheta_0 - \vartheta_a) t/\tau. \tag{3.34}$$

Beispiel 3.6: Es ist abzuschätzen, welchen Durchmesser d ein kugelförmiger, wassergefüllter, sehr gut isolierter Wärmespeicher mindestens haben muß, damit die anfängliche Temperaturdifferenz $\vartheta_0 - \vartheta_a$ in 6 Monaten sich um höchstens 20 % durch reine Wärmeverluste verringert (Speicherung von Sonnenenergie). Bei guter Isolierung ist $\alpha_a \gg \lambda/s$ und damit $k \approx \lambda/s$. Bei der Kugel gilt $A/V = 6/d$. Mit $\ln(0{,}8) = -0{,}223$ erhält man für $t = 6$ Monate $\approx 15{,}6 \cdot 10^6$ s, $s = 0{,}5$ m, $\lambda = 0{,}03$ W/Km und $\rho c_p = 4180$ kJ/Km^3 für Wasser aus Gl. (3.33)

$$d \geqq \frac{26{,}9 \, \lambda t}{s \rho c_p} \approx 6 \, \text{m}.$$

Das Ergebnis zeigt, daß dieses Problem nur mit sehr großen Behältern zu lösen ist, woran auch unterirdische Verlegung des Speichers nichts wesentliches ändern würde.

Beispiel 3.7: Ein Thermometer der Temperatur ϑ_0, das in ein gut gerührtes Bad der konstanten Temperatur $\vartheta_B \neq \vartheta_0$ getaucht wird, hat nach Gl. (3.33) eine Anzeigeverzögerung von

$$\vartheta_B - \vartheta = (\vartheta_B - \vartheta_0) \, \exp(-t/\tau),$$

wenn $\tau = m c_p / kA$ die Zeitkonstante ist. Für Fieberthermometer ist $\tau \leqq 2{,}6$ s vorgeschrieben (PTB − Mitt. **76** (1966) 75–77). Taucht man ein solches Thermometer von 20 °C in ein Bad von 40 °C, so zeigt es nach 20 s noch 0,01 K zu wenig an.

3.3.5 Thermometer im beheizten Bad

In einem Bad, dessen Temperatur ϑ_B durch Beheizung linear mit der Zeit ansteigt nach der Beziehung

$$\vartheta_B(t) = \vartheta_1 + bt, \tag{3.35}$$

befinde sich ein Temperaturfühler, von dessen Anzeige die Heizung geregelt wird. Gesucht ist der Anzeigefehler $\vartheta_B - \vartheta$, wenn ϑ die momentane Anzeige des Fühlers bedeutet. Zur Berechnung ist $\vartheta_B(t)$ aus Gl. (3.35) als ϑ_a in Gl. (3.32) einzusetzen, während ϑ_i jetzt ϑ entspricht. Dann erhält man die Differentialgleichung

$$\tau \, d\vartheta/dt = \vartheta_1 + bt - \vartheta \tag{3.36}$$

mit der Zeitkonstante des Fühlers $\tau = m c_p / kA$. Die Lösung lautet mit ϑ_0 als Anfangstemperatur des Fühlers $(\vartheta_0 \lesseqgtr \vartheta_1)$

$$\vartheta_B - \vartheta = (\vartheta_1 - \vartheta_0) \exp(-t/\tau) + b\tau \, [1 - \exp(-t/\tau)]. \tag{3.37}$$

Für $b = 0$ ergibt sich mit $\vartheta_1 = \vartheta_B$ das Beispiel 3.7 des Abschnitts 3.3.4. Für $t \gg \tau$ ist $\vartheta_B - \vartheta = b\tau$ die bleibende Fehlanzeige. Ein Beispiel ist in Bild 3.5 dargestellt mit $\tau = 5$ min, $b = 1$ K/min und damit der absichtlich hoch gewählten Fehlanzeige $b\tau = 5$ K. Man erkennt, wie auch anfänglich zu hohe Fühlertemperaturen $(\vartheta_0 > \vartheta_1)$ allmählich abgebaut werden und alle Kurven der gemeinsamen Asymptoten $\vartheta_B - b\tau$ zustreben.

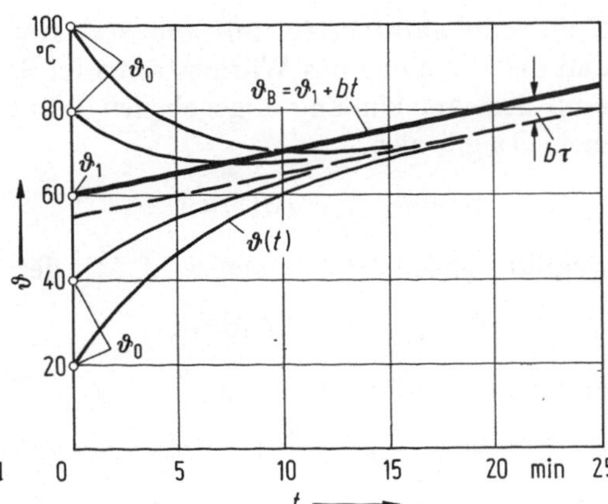

Bild 3.5.
Temperaturfühler im beheizten Bad

3.4 Vergrößerte Oberflächen

Der durch die Wandfläche A (nach außen) tretende Wärmestrom Φ läßt sich nach Gl. (1.7) in der Form

$$\Phi = \alpha A (\vartheta_w - \vartheta_\infty)$$

schreiben. Der Wärmeübergangskoeffizient α kann zwar erhöht werden, etwa durch Erhöhung der Strömungsgeschwindigkeit des wärmeaufnehmenden Fluids, aber nur in engen Grenzen. Die Temperaturen ϑ_w und ϑ_∞ liegen meist aus betrieblichen Gründen fest. So bleibt zur Erhöhung von Φ die Vergrößerung der Fläche A, etwa durch Rippen, Flossen, Bolzen oder Nadeln. Dieser Abschnitt handelt davon, ob und wann eine solche Vergrößerung lohnt und welche Wirkungen sie auf Φ hat.

Wir betrachten einen Stab der Länge l und des über l konstanten Querschnitts f und Umfangs u, wie in Bild 3.6 dargestellt. Der Stab ist mit einem Ende mit der wärmeabgebenden Wand in wärmeleitender Verbindung, an seiner Oberfläche gilt der Wärmeübergangskoeffizient α.

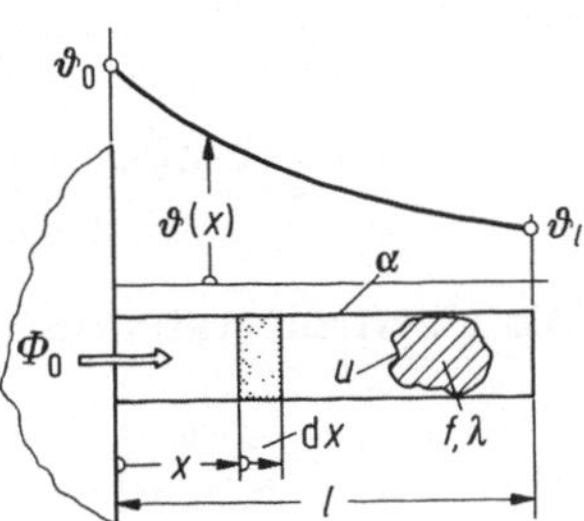

Bild 3.6.
Zur Ableitung des Temperaturverlaufs in einem Stab

Den Temperaturverlauf im Stab $\vartheta(x)$ können wir dadurch berechnen, daß die Abnahme des Wärmestroms im Stab in x-Richtung gleich sein muß dem am Umfang abgegebenen Wärmestrom. Für ein Längenelement dx gilt also

$$\Phi_x - \Phi_{x+dx} = \alpha\,\vartheta(x)\,u\,dx,$$

wenn ϑ_∞ gleich Null gesetzt wird. Mit der Taylor-Entwicklung

$$\Phi_{x+dx} = \Phi_x + (d\Phi/dx)\,dx$$

und dem Biot-Fourier-Ansatz

$$\Phi = -\lambda f (d\vartheta/dx)$$

erhalten wir die Differentialgleichung

$$\frac{d^2\vartheta}{dx^2} = \frac{\alpha u}{\lambda f}\vartheta = m^2\,\vartheta \tag{3.38}$$

mit der Abkürzung

$$m = [\alpha u/(\lambda f)]^{1/2}$$

(m hat die Dimension einer reziproken Länge). Die allgemeine Lösung von Gl. (3.38) lautet

$$\vartheta = C_1 \exp(m x) + C_2 \exp(-m x), \tag{3.39}$$

deren Konstanten C_1 und C_2 aus den Randbedingungen zu bestimmen sind. Für $x=0$ gilt $\vartheta = \vartheta_0$ mit ϑ_0 als der unveränderlichen Wandtemperatur. Die durch die Stirnfläche f an der Stelle $x=l$ übertragene Wärmemenge kann meist vernachlässigt werden, nicht nur weil f klein gegen die Oberfläche $u\,l$ ist, sondern auch weil der Temperaturverlauf dort stark abgeflacht ist, so daß wir schreiben können

$$(d\vartheta/dx)_l = 0.$$

Damit lautet Gl. (3.39):

$$\frac{\vartheta}{\vartheta_0} = \frac{\exp(m(l-x)) + \exp(-m(l-x))}{\exp(m\,l) + \exp(-m\,l)}$$

$$= \frac{\cosh(m\,l(1 - x/l))}{\cosh m\,l}. \tag{3.40}$$

Die Übertemperatur am Stabende $x=l$ ist

$$\vartheta_l = \frac{\vartheta_0}{\cosh m\,l} \tag{3.41}$$

und der gesuchte Wärmestrom Φ_0 bei $x = 0$ wird

$$\Phi_0 = -\lambda f \left(\frac{\mathrm{d}\vartheta}{\mathrm{d}x}\right)_0 = m\,\lambda\,f\,\vartheta_0 \tanh ml. \tag{3.42}$$

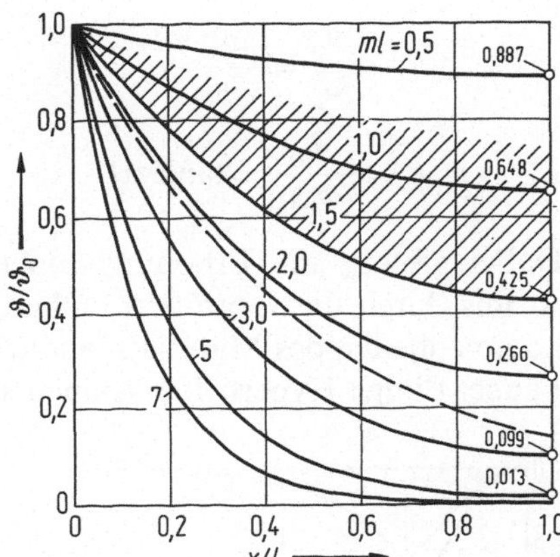

Bild 3.7. Temperaturverlauf ϑ/ϑ_0 im Stab über x/l aufgetragen mit ml als Parameter nach Gl. (3.40). Technisch wichtiger Bereich schraffiert. Gestrichelt Gl. (3.43) für den unendlich langen Stab für $ml = 2$

Der Temperaturverlauf ϑ/ϑ_0 ist in Bild 3.7 über x/l mit ml als Parameter aufgetragen. Man erkennt, daß der brauchbare Bereich etwa zwischen $ml = 0{,}8$ und $1{,}5$ liegt. Der Stab mit $ml = 0{,}5$ ist zu kurz, da an seinem Ende noch 89% der Übertemperatur am Fuß herrschen, während der Stab mit $ml = 5$ oder 7 zu lang ist, da schon auf der halben Stablänge wegen zu niedriger Übertemperatur ϑ kaum noch Wärme übertragen wird. Für den unendlich langen Stab mit der Randbedingung $\vartheta = 0$ für $x \to \infty$ erhält man aus Gl. (3.39)

$$\vartheta/\vartheta_0 = \exp(-mx) = \exp(-ml(x/l)). \tag{3.43}$$

Der Wärmestrom Φ_0 bei $x = 0$ wird hierfür

$$(\Phi_0)_\infty = m\,\lambda\,f\,\vartheta_0. \tag{3.44}$$

Gleichung (3.43) ist für $ml = 2$ gestrichelt in Bild 3.7 eingetragen; sie ist als Näherung für kleine x/l und nicht zu kleine ml auch für den Stab endlicher Länge brauchbar.

Den Wärmestrom Φ_0 bei $x = 0$ nach Gl. (3.42) kann man mit dem durch f tretenden Wärmestrom Φ' ohne Stab

$$\Phi' = \alpha f \vartheta_0,$$

oder mit dem Wärmestrom ϕ_λ in einem Stab überall gleicher Übertemperatur, also mit $\lambda \to \infty$,

$$\Phi_\lambda = \alpha\,u\,l\,\vartheta_0,$$

oder mit $(\Phi_0)_\infty$ nach Gl. (3.44) vergleichen. Man erhält dadurch drei verschiedene Gütegrade:

$$\varepsilon_w = \frac{\Phi_0}{\Phi'} = \sqrt{\frac{\lambda u}{\alpha f}}\, \tanh ml = \frac{\lambda}{\alpha l}\, ml \tanh ml, \tag{3.45}$$

$$\varepsilon_\lambda = \frac{\Phi_0}{\Phi_\lambda} = \frac{\tanh ml}{ml}, \tag{3.46}$$

$$\varepsilon_\infty = \frac{\Phi_0}{(\Phi_0)_\infty} = \tanh ml. \tag{3.47}$$

Dabei gibt ε_w die Erhöhung (oder auch Erniedrigung) des Wärmestroms durch die vergrößerte Oberfläche an. ε_λ beschreibt die Unvollkommenheiten des Materials (endliches λ) und ε_∞ den Einfluß endlicher Länge. Einige Hyperbelfunktionen sind in Bild 3.8 aufgetragen.

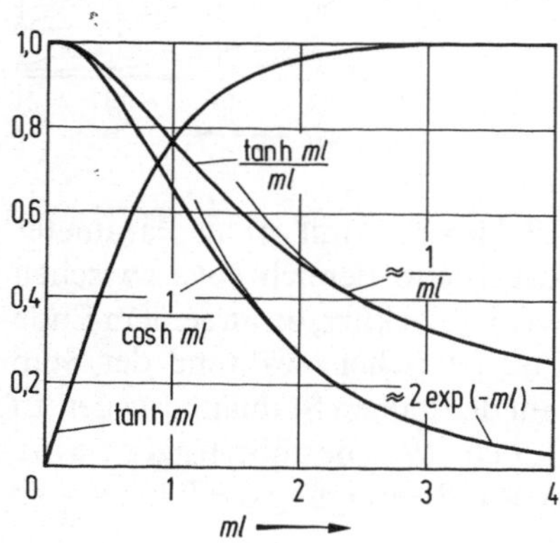

Bild 3.8. Hyperbelfunktionen zur Berechnung des Temperaturverlaufs und der Gütegrade in prismatischen Stäben und ebenen Rippen

Die zweckmäßige Auslegung einer vergrößerten Oberfläche ist ein Optimierungsproblem. Man kann z.B. verlangen, daß ein gegebenes Volumen $V = f l$ optimal zur Wärmeübertragung ausgenützt wird. Dann läßt sich der Querschnitt f in Gleichung (3.42) für den zu maximierenden Wärmestrom Φ_0 ersetzen durch V/l, wobei V als konstant vorausgesetzt ist. Man benötigt als weitere Nebenbedingung eine Beziehung zwischen u und f, also letztlich l. Es sollen zwei technisch interessante Varianten näher untersucht werden:

(a) Bleibt die Querschnittsform bei Variation von f ähnlich, wie im Falle eines Kreises (Rippenbolzen) oder eines Rechtecks mit konstantem Verhältnis von Breite b zu Dicke d, so folgt die Relation $u = C\sqrt{f}$. Für den Kreisquerschnitt mit dem variablen Durchmesser D erhält man für die Konstante:

$$C = 2\sqrt{\pi}.$$

Beim Rechteckquerschnitt mit dem Seitenverhältnis $n = b/d$ erhält man:

$$C = 2(n+1)/\sqrt{n}.$$

Φ_0 nach Gl. (3.42) läßt sich mit den genannten Nebenbedingungen als Funktion allein der Rippenlänge l ausdrücken:

$$\Phi_0 = \sqrt{\alpha \lambda C} \cdot V^{3/4} \cdot l^{-3/4} \cdot \vartheta_0 \cdot \tanh \sqrt{\frac{\alpha C}{\lambda \sqrt{V}} l^{5/4}}. \tag{3.48}$$

Wendet man auf Gl. (3.48) die Bedingung für ein Extremum, $\mathrm{d}\Phi_0/\mathrm{d}l = 0$, an, so folgt nach einiger Rechnung die transzendente Bestimmungsgleichung:

$$\tanh ml = \frac{5ml}{3\cosh^2 ml}. \tag{3.49}$$

Gleichung (3.49) ist erfüllt mit

$$ml = \sqrt{\frac{\alpha u}{\lambda f}}\, l = 0{,}919.$$

Wir verzichten auf den Nachweis, daß das Extremum von Φ_0 an dieser Stelle tatsächlich ein Maximum ist. Die drei Gütegrade gemäß den Gln. (3.45) bis (3.47) haben bei dieser optimalen Rippenauslegung die Werte: $\varepsilon_\mathrm{w} = 0{,}667\,\lambda/\alpha l$; $\varepsilon_\lambda = 0{,}789$; $\varepsilon_\infty = 0{,}725$. Aus Gl. (3.41) folgt für die Übertemperatur am Stabende $x = l$ der Wert $\vartheta_l = 0{,}688\,\vartheta_0$.

(b) Aufgrund fertigungstechnischer Vorteile werden in der Praxis meist Rechteckrippen vorgesehen, wobei davon ausgegangen werden kann, daß die Rippenbreite b durch die Abmessungen des zu kühlenden oder zu beheizenden Geräts vorgegeben ist und somit neben der Rippenlänge l nur noch die Rippendicke d in der Optimierungsrechnung berücksichtigt werden muß. Setzt man ferner voraus, daß $b/d \gg 1$ gelten soll, so wird $u \approx 2b$ und $f = bd$. Für Φ_0 folgt aus Gl. (3.42)

$$\Phi_0 = \sqrt{2b V \alpha \lambda} \cdot \vartheta_0 \cdot l^{-1/2} \cdot \tanh\left(\sqrt{\frac{2\alpha b}{\lambda V}} l^{3/2}\right). \tag{3.50}$$

Die Extremumsbedingung $\mathrm{d}\Phi_0/\mathrm{d}l = 0$ führt wieder auf die, nur um einen Zahlenfaktor veränderte Bestimmungsgleichung der ersten Variante:

$$\tanh ml = \frac{3ml}{\cosh^2 ml}; \tag{3.51}$$

sie wird durch den Wert

$$ml = \sqrt{\frac{2\alpha}{\lambda d}}\, l = 1{,}419$$

erfüllt. Die Gütegrade ergeben sich zu $\varepsilon_w = 1,262\,\lambda/\alpha\,l$, $\varepsilon_\lambda = 0,627$; $\varepsilon_\infty = 0,889$, und die Übertemperatur bei $x = l$ wird $\vartheta_l = 0,457\,\vartheta_0$.
Bei beiden hier diskutierten Varianten kann durch Messung der Übertemperatur an einer ausgeführten Berippung überprüft werden, ob deren Auslegung optimal erfolgt ist.

Beispiel 3.8: Für den Zylinderkopf eines luftgekühlten Flugmotors sind Rechteckrippen optimaler Volumenausnutzung vorgesehen. Die Rippenbreite b, der Wärmeübergangskoeffizient α, die Übertemperatur ϑ_0 und der abzuführende Wärmestrom Φ_0 liegen fest. Die Anzahl n und das Material (Cu, Al oder Stahl) der Rippen sollen im Hinblick auf geringste Baumasse M bestimmt werden. Gleichung (3.50) lautet für n Rippen:

$$\Phi_0 = n\sqrt{\lambda\,V/l}\cdot\vartheta_0\sqrt{2\alpha b}\,\tanh 1{,}419.$$

Aus Gl. (3.51) folgte

$$2\alpha\,l^2 = 1{,}419^2\,\lambda\,d.$$

Für die Baumasse gilt

$$M = n\,V\rho = n\,b\,d\,l\,\rho.$$

Nach Elimination von V, d und l erhält man

$$\frac{\Phi_0^3}{0{,}889^3(\vartheta_0\sqrt{2\alpha b})^3} = \frac{\lambda\,n^2\,M}{\rho}\cdot\frac{\sqrt{2\alpha b}}{1{,}419}.$$

und schließlich

$$M = \frac{1}{n^2}\left(\frac{\rho}{\lambda}\right)\cdot 2{,}02\,\frac{(\Phi_0/\vartheta_0)^3}{(2\alpha b)^2} = \frac{1}{n^2}\left(\frac{\rho}{\lambda}\right)\cdot\text{const.}$$

Diese Beziehung sagt aus, daß wegen $M \sim 1/n^2$ und $V \sim 1/n^3$ bis an die Grenzen der technischen Möglichkeiten viele kleine Rippen angebracht werden sollten und bei der Materialauswahl ein kleiner Wert für den Stoffgrößenquotienten ρ/λ anzustreben ist. Tabelle 3.1 zeigt, daß Rippen aus Aluminium solchen aus Kupfer und Stahl vorzuziehen sind.

Tabelle 3.1. Vergleich verschiedener Rippenmaterialien (bei $\vartheta = 20\,°\mathrm{C}$)

Stoff	ρ $\mathrm{kg/m^3}$	λ $\mathrm{W/Km}$	ρ/λ $\mathrm{kg\,K/Wm^2}$
Cu	8300	372	22,3
Al	2300	142	16,2
Stahl	7900	52	152

4. Stationäre Wärmeleitung mit Wärmequellen

Auch bei den bisher behandelten Fällen waren Wärmequellen und -senken vorhanden, um überhaupt einen Wärmestrom aufrechtzuerhalten, aber sie lagen außerhalb des betrachteten Feldes, während wir im folgenden Wärmequellen im System betrachten wollen. Beispiele sind elektrische Heizung, induktive oder kapazitive Erwärmung, chemische oder Kernreaktionen, Absorption von Strahlung, Phasenumwandlungen, biologische Vorgänge u.a.m.

4.1 Konstante Wärmequellen

Aus Gl. (1.5) entsteht für den stationären Fall mit konstantem λ und W die Differentialgleichung nach Poisson

$$\Delta \vartheta = \text{const}, \tag{4.1}$$

die sich für die eindimensionalen Fälle Platte, Zylinder und Kugel in die Form

$$\frac{d^2 \vartheta}{dr^2} + \frac{n}{r} \frac{d\vartheta}{dr} + \frac{W}{\lambda} = 0 \tag{4.2}$$

bringen läßt, mit r als von der Mitte aus gezählter Längenkoordinate. Die Zahl n ist in Tabelle 4.1 aufgeführt. Zur Gl. (4.2), die durch die Substitution $d\vartheta/dr = u$ zu lösen ist, gehören folgende Randbedingungen: aus Symmetriegründen muß in der Mitte ($r = 0$), $d\vartheta/dr = 0$ sein; am Rand, bei $r = R$, gilt die Randbedingung 3. Art, so daß dort gilt:

$$-\lambda (d\vartheta/dr)_R = \alpha (\vartheta_w - \vartheta_\infty)$$

Tabelle 4.1. Konstanten der eindimensionalen Wärmeleitung

	n	m	V/A
Platte	0	2	R
Zylinder	1	4	R/2
Kugel	2	6	R/3

mit ϑ_∞ als Fluidtemperatur außerhalb der thermischen Grenzschicht. Hiermit lautet die Lösung von Gl. (4.2)

$$\vartheta(r)-\vartheta_\infty = \frac{WR^2}{m\lambda}\left(1+\frac{2\lambda}{\alpha R}-\frac{r^2}{R^2}\right) \tag{4.3}$$

mit $m=2n+2$ nach Tabelle 4.1.
Die Temperatur ϑ_0 in der Mitte, also bei $r=0$, wird nach Gl. (4.3)

$$\vartheta_0-\vartheta_\infty = \frac{WR^2}{m\lambda}\left(1+\frac{2\lambda}{\alpha R}\right); \tag{4.4}$$

für die Temperatur ϑ_w an der Oberfläche, also bei $r=R$, erhält man

$$\vartheta_w-\vartheta_\infty = \frac{2WR}{m\alpha}, \tag{4.5}$$

so daß für die Differenz $\vartheta_0-\vartheta_w$ die Gleichung

$$\vartheta_0-\vartheta_w = \frac{WR^2}{m\lambda} \tag{4.6}$$

entsteht.
Häufig ist nicht die Leistungsdichte W im Inneren gegeben, sondern die Wärmestromdichte q_w an der Wand des betrachteten Bereichs. Nach der Energiebilanz muß gelten

$$WV = q_w A, \tag{4.7}$$

wenn V und A zusammengehörige Werte von Volumen V und Oberfläche A sind. Die Quotienten V/A sind in Tabelle 4.1 aufgeführt. Mit diesen Werten erhält man für Platte, Zylinder und Kugel die einheitlichen Gleichungen

$$\vartheta(r)-\vartheta_\infty = \frac{q_w R}{2\lambda}\left(1+\frac{2\lambda}{\alpha R}-\frac{r^2}{R^2}\right), \tag{4.8}$$

$$\vartheta_0-\vartheta_w = \frac{q_w R}{2\lambda}, \tag{4.9}$$

$$\vartheta_w-\vartheta_\infty = \frac{q_w}{\alpha}. \tag{4.10}$$

Beispiel 4.1: In einem Kernreaktor mit stabförmigen Brennelementen vom Radius R und gegebener Wärmestromdichte q_w an der Oberfläche läßt sich mit Gl. (4.9) die Übertemperatur in der Stabachse berechnen. Mit den nachstehend angegebenen Mittelwerten von λ erhält man mit $q_w=100\ \text{W/cm}^2$ und $R=1$ cm folgende Werte für $\vartheta_0-\vartheta_w$:

Brennstoff	λ	$\vartheta_0 - \vartheta_w$
	W/Km	K
Uranmetall	29,7	168
Urankarbid	36,8	136
Urandioxid	2,34	2140

Die auf die Länge l eines Brennstoffstabes bezogene Leistung $\Phi_l = \Phi/l$, die in der Kerntechnik auch Stableistung genannt wird, errechnet sich mit Gl. (4.7) und Tabelle 4.1 zu

$$\Phi_l = \Phi/l = \pi R^2 W = 2\pi q_w R.$$

Eliminiert man aus dieser Gleichung $q_w R$ nach Gl. (4.9) und benutzt den integralen Mittelwert λ_m und die integrale Wärmeleitfähigkeit Λ nach Abschnitt 5.2, so erhält man

$$\frac{\Phi_l}{4\pi} = (\vartheta_0 - \vartheta_w)\,\lambda_m = \int\limits_{\vartheta_w}^{\vartheta_0} \lambda(\vartheta)\,\mathrm{d}\vartheta = \Lambda_{w0}. \tag{4.11}$$

Man kann also die integrale Wärmeleitfähigkeit Λ allein aus der Stableistung Φ_l bestimmen. Zur Festlegung der Integrationsgrenzen müssen die beiden Temperaturen ϑ_0 und ϑ_w bekannt sein oder sich mindestens schätzen lassen. Im obigen Beispiel ist $\Phi_l = 628$ W/cm und die Leistungsdichte, bezogen auf das reine Brennstoffvolumen ohne Einbauten $W = 200$ W/cm^3. Die integrale Wärmeleitfähigkeit wird $\Lambda = 5000$ W/m.

4.2 Stark temperaturabhängige Wärmequellen (Chemische Reaktionen)

Bei exothermen chemischen Reaktionen ist die freiwerdende Reaktionswärme (Reaktionsenthalpie) dem Umsatz der Reaktion proportional. Dieser Umsatz ist meist stark von der Reaktionstemperatur abhängig. Es kann dabei der Fall eintreten, daß bei Überschreiten einer gewissen Grenztemperatur der Umsatz sprunghaft auf ein Vielfaches ansteigt, die Reaktion also „durchgeht". Das ist in aller Regel mit der Zerstörung des Reaktors verbunden. Typische Beispiele sind katalytische Hochdrucksynthesen, etwa von Methanol aus einer Mischung von Wasserstoff und Kohlenmonoxid (Synthesegas). Ein solcher Fall wird im folgenden behandelt.

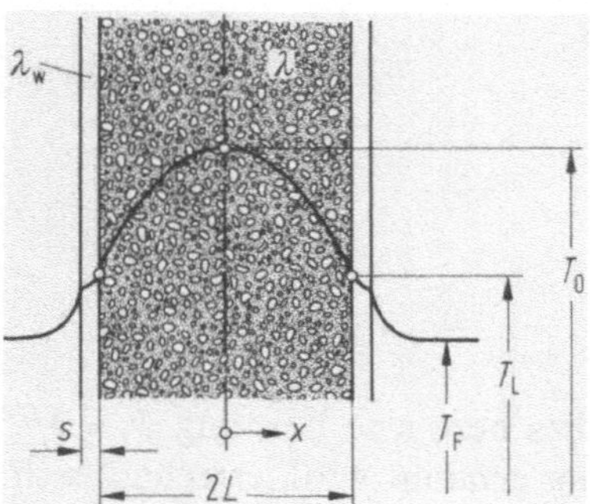

Bild 4.1. Schematische Darstellung des ebenen Reaktionskanals

In Bild 4.1 ist schematisch ein von ebenen Wänden im Abstand $2L$ begrenzter Strömungskanal dargestellt, der eine Katalysatorschüttung enthält. Die Porenräume werden von reaktionsfähigem Gasgemisch durchströmt, wobei an der Oberfläche der Katalysatorkörner eine heterogene, exotherme Reaktion erster Ordnung abläuft. Unter Vernachlässigung des Energietransportes in Strömungsrichtung soll die Reaktionsenthalpie nur durch Wärmeleitung parallel zur Querkoordinate x an die Kanalwände und von dort an eine Kühlflüssigkeit mit der Absoluttemperatur T_F abgeführt werden. Die effektive Wärmeleitfähigkeit des Katalysatorbettes sei λ. Ist s die Dicke der Kanalwand, λ_w deren Wärmeleitfähigkeit und α der Wärmeübergangskoeffizient auf der Kühlmittelseite, so lassen sich die äußeren Kühlungsbedingungen durch Einführung eines Wärmedurchgangskoeffizienten k erfassen

$$k = \frac{1}{s/\lambda_w + 1/\alpha}. \tag{4.12}$$

Die freigesetzte Reaktionsenthalpie erscheint als Wärmequellendichte W im Strömungskanal; ihre Temperaturabhängigkeit soll sich durch den Ansatz von Arrhenius wiedergeben lassen

$$W = W_\infty \exp(-E/RT). \tag{4.13}$$

Aus reaktionskinetischen Experimenten sei die Aktivierungsenergie E des Gasgemisches bekannt und ferner die fiktive Wärmequellendichte W_∞ (durch Extrapolation der Meßergebnisse für $1/T \rightarrow 0$). $R = 8,314$ J/mol K ist die allgemeine Gaskonstante, T die Absoluttemperatur des Gas-Katalysator-Kontinuums.

Unsere Untersuchung bezieht sich auf ein stationäres Wärmeleitungsproblem in einem ebenen Bereich mit Wärmequellen; also gilt mit Gl. (4.13) die Diffgl. (4.2) in der speziellen Form

$$\frac{d^2 T}{dx^2} = -\frac{W_\infty}{\lambda} \exp(-E/RT). \tag{4.14}$$

Als Randbedingungen legen wir fest

$$x = 0: \left(\frac{dT}{dx_0}\right)_0 = 0 \qquad \text{Symmetrie} \atop \text{zur Mittellinie} \qquad (4.15)$$

$$x = L: \ k(T_L - T_F) = -\lambda\left(\frac{dT}{dx}\right)_L \qquad \text{Wärmedurchgang} \atop \text{am Rand} \qquad (4.16)$$

T_L ist die Absoluttemperatur der Kanalinnenwand.
Da die Übertemperaturen in Reaktionskanälen erfahrungsgemäß nicht
sehr hoch liegen, wird man meist die Bedingung $(T_{max} - T_F)/T_F < 0{,}2$
bestätigt finden und daher folgende Näherung einführen können:

$$\exp(-E/RT) \approx \exp\left[-E/RT_F\left(1 - \frac{T - T_F}{T_F}\right)\right]. \qquad (4.17)$$

Wir verwenden die Abkürzung

$$W_F = W_\infty \exp(-E/RT_F) \qquad (4.18)$$

definieren die bezogenen Variablen

$$\xi = \frac{x}{T_F}\sqrt{\frac{W_F E}{R\lambda}}; \qquad \Theta = \frac{E}{RT_F}\frac{T - T_F}{T_F} \qquad (4.19, 4.20)$$

und erhalten die Diffgl. (4.14) in dimensionsloser Form

$$\frac{d^2\Theta}{d\xi^2} = -e^\Theta. \qquad (4.21)$$

Hinsichtlich der Randbedingungen (4.15) und (4.16) führt analoges Vorgehen auf zwei charakteristische Kerngrößen des Systems − den bezogenen Wärmedurchgangswiderstand Ω und die bezogene Kanalbreite Λ

$$\Omega = \frac{1}{kT_F}\sqrt{\frac{W_F \lambda E}{R}}; \qquad \Lambda = \frac{L}{T_F}\sqrt{\frac{W_F E}{R\lambda}}. \qquad (4.22, 4.23)$$

Damit erscheinen auch die Randbedingungen in dimensionsloser Form

$$\xi = 0: \left(\frac{d\Theta}{d\xi}\right)_0 = 0 \qquad (4.24)$$

$$\xi = \Lambda: \ \Theta(\Lambda) = -\Omega\left(\frac{d\Theta}{d\xi}\right)_\Lambda. \qquad (4.25)$$

Die bezogenen Übertemperaturen $\Theta(0)$ und $\Theta(\Lambda)$ in der Mitte bzw.
am Rande des Katalysatorbettes stellen neben Ω und Λ zwei weitere

charakteristische Kerngrößen des Systems dar. Zur Vereinfachung der Schreibweise substituieren wir die Symbole η und τ

$$\Theta(0)=\eta; \qquad \Theta(\Lambda)=\tau. \tag{4.26, 427}$$

Unter Verwendung der Identität

$$\frac{\mathrm{d}^2\Theta}{\mathrm{d}\xi^2}=\frac{1}{2}\,\mathrm{d}\left(\frac{\mathrm{d}\Theta}{\mathrm{d}\xi}\right)^2\bigg/\mathrm{d}\Theta$$

findet man ein erstes Integral der nichtlinearen Diffgl. (4.21)

$$\frac{\mathrm{d}\Theta}{\mathrm{d}\xi}=(\mp)\sqrt{C_1-2\mathrm{e}^\Theta}. \tag{4.28}$$

Da Θ in ξ-Richtung abnehmen muß, ist das Pluszeichen auszuschließen. Die zweite Integration liefert formal

$$-\int\frac{\mathrm{d}\Theta}{\sqrt{C_1-\mathrm{e}^\Theta}}=\xi+C_2. \tag{4.29}$$

Substituiert man wie folgt

$$u=\sqrt{1-\frac{2}{C_1}\,\mathrm{e}^\Theta}; \qquad \mathrm{d}u=-\frac{1}{2u}\,\frac{2}{C_1}\,\mathrm{e}^\Theta\mathrm{d}\Theta$$

$$-\int\frac{\mathrm{d}\Theta}{\sqrt{C_1-2\mathrm{e}^\Theta}}=\frac{2}{\sqrt{C_1}}\int\frac{\mathrm{d}u}{1-u^2}$$

und verwendet die bekannte Lösung für obiges Grundintegral, so lautet die allgemeine Form der Funktion $\xi(\Theta)$

$$\xi=\frac{2}{\sqrt{C_1}}\,\mathrm{artanh}\sqrt{1-2\mathrm{e}^\Theta/C_1}+C_2 \tag{4.30a}$$

bzw. ihrer Umkehrfunktion $\Theta(\xi)$

$$\Theta=\ln C_1/2-2\ln\left[\cosh\frac{\sqrt{C_1}}{2}(\xi-C_2)\right]. \tag{4.30b}$$

Letztere wurde über die Identität

$$\mathrm{artanh}\,z=\frac{1}{2}\ln\frac{1+z}{1-z}$$

gefunden.

Bezüglich der Stelle $\xi=0$ folgt über die Gln. (4.26, 4.28) mit der Randbedingung (4.24) zunächst die Verknüpfungsbeziehung

$$C_1=2\mathrm{e}^\eta, \tag{4.31}$$

wodurch die Integrationskonstante C_1 als Funktion der Maximaltemperatur $\Theta(0) = \eta$ des Systems ausgedrückt werden kann; dieser kommt im Gegensatz zu C_1 unmittelbare Anschaulichkeit zu. Gleichung (4.81) liefert eingesetzt in Gl. (4.30a) für die zweite Integrationskonstante: $C_2 = 0$.

Am Rande $\xi = \Lambda$ gilt Gl. (4.30a) wie an jeder Stelle des Kanalquerschnittes. Mit der Wandübertemperatur τ nach Gl. (4.27) und nach Abtausch von C_1 gegen η gemäß Gl. (4.31) erhält man eine erste Bestimmungsgleichung der Form $\Lambda = f_1(\eta, \tau)$

$$\Lambda = \sqrt{2}\, e^{-\eta/2}\, \operatorname{artanh}\sqrt{1 - e^{\tau}/e^{\eta}}. \tag{4.32}$$

Die Randbedingung (4.25) an der Stelle $\xi = \Lambda$ liefert ferner die Bedingung

$$\tau = \Omega\sqrt{2}\,\sqrt{e^{\eta} - e^{\tau}},$$

aus der durch Auflösen nach η eine zweite Bestimmungsgleichung, jetzt der Form $\eta = f_2(\tau, \Omega)$, folgt

$$\eta = \ln\left[\frac{1}{2}\left(\frac{\tau}{\Omega}\right)^2 + e^{\tau}\right]. \tag{4.33}$$

Die beiden Gln. (4.32) und (4.33) beschreiben die gesuchte Funktion $\eta(\Lambda, \Omega)$ mit Hilfe der Variablen τ in Parameterdarstellung. Bei bekanntem Widerstandsparameter Ω gibt man eine Folge von τ-Werten vor, errechnet aus Gl. (4.33) die zugehörigen η-Werte und dann aus Gl. (4.32) die entsprechenden Λ-Werte. Dieser Auflösungsweg ist gangbar, solange die Randbedingung (4.25) gilt, d.h. Ω nicht Null wird.

Für $\Omega = 0$ folgt als Spezialfall die Randbedingung 1. Art

$$\xi = \Lambda: \quad \Theta(\Lambda) = \tau = 0, \tag{4.34}$$

womit sich aus Gl. (4.32) die unmittelbar auswertbare Beziehung

$$\Lambda = \sqrt{2}\, e^{-\eta/2}\, \operatorname{artanh}\sqrt{1 - e^{-\eta}} \tag{4.32a}$$

ergibt. Bild 4.2 zeigt die auf oben beschriebene Weise generierte Funktion $\eta(\Lambda, \Omega)$. In bezogenen Größen η und Λ ist dort der Verlauf der höchsten Systemtemperatur über der Halbbreite des Reaktionskanals aufgetragen. Für alle Parameterwerte weisen die Temperaturkurven das gleiche Extremalverhalten auf: Oberhalb eines Maximalwertes $\Lambda^*(\Omega)$ existiert kein zugehöriger Temperaturwert η. Der rücklaufende Kurvenast ist als thermochemisch instabil zu werten, da bei abnehmender Wärmequellendichte und folglich sinkendem Λ die Temperatur η immer weiter ansteigt.

Löst man das vorliegende Problem ohne die einschränkende Näherung (4.17) — was nur auf numerischen Wege möglich ist —, so erhält man S-förmige Temperaturverläufe. Jede $\eta(\Lambda, \Omega)$-Kurve biegt bei einem

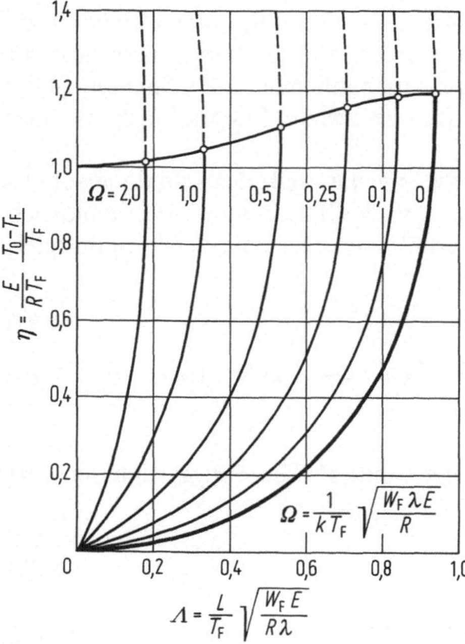

Bild 4.2. Bezogene Achsentemperaturen η als Funktion der Halbbreite Λ eines ebenen Kanals mit Ω als Parameter

—   stabiler Bereich
– –   instabiler Bereich
–o–   Grenzkurve zwischen beiden Bereichen

bestimmten Minimalwert $\Lambda(\Omega)_{\text{min}}$ wieder nach rechts um und steigt in Richtung der Λ-Achse. Damit liefert die strenge Lösung auch oberhalb des Extremwertes $\Lambda^*(\Omega)$ stabile Temperaturwerte. Diese liegen jedoch bei technischen Gasreaktionen so hoch, daß zumindest unerwünschte Reaktionsprodukte entstehen, meist aber auch noch der Katalysator und die Kanalwand thermisch geschädigt werden. Demnach setzen die gefundenen Maximalwerte $\Lambda^*(\Omega)$ der Auslegung von chemischen Reaktoren eindeutige Grenzen. Ziel unserer Untersuchung war die Ermittlung des stabilen Kurvenastes $\eta(\Lambda, \Omega)$ — der bezogenen Übertemperaturen im Kanalzentrum als Funktion der bezogenen Kanalbreite Λ — bis hin zum Maximalwert $\Lambda^*(\Omega)$.

Wir geben hier noch ohne Ableitung das Gleichungssystem zur Bestimmung des Ortes der Maxima $\Lambda^*(\eta^*)$ an. Aus der Extremalbedingung

$$\frac{d\Lambda}{d\tau}\bigg/\frac{d\eta}{d\tau} = 0 \tag{4.35}$$

findet man nach längerer Rechnung die Parameterdarstellung

$$e^{\tau^*}/e^{\eta^*} = \varepsilon^*; \quad 0{,}31 \le \varepsilon^* \le 0{,}99 \quad \text{(Vorgabewerte)}$$

$$\tau^* = 2(1-\varepsilon^*)/[1/(1-\sqrt{1-\varepsilon^*}\ \text{artanh}\sqrt{1-\varepsilon^*}) - \varepsilon^*] \tag{4.36}$$

$$\eta^* = \tau^* + \ln 1/\varepsilon^*; \quad \Lambda^* = \sqrt{2}\,e^{-\eta^*/2}\,\text{artanh}\sqrt{1-e^*}.$$

Im Sonderfall $\Omega = 0$, erhält man durch Differentiation der Gl. (4.32a) und Nullsetzen die transzendente Bestimmungsgleichung für η^*

$$\frac{1}{\sqrt{1 - e^{-\eta^*}}} \tanh 1/\sqrt{1 - e^{-\eta^*}} = 1, \qquad (4.37)$$

wonach Λ^* aus Gl. (4.32a) errechnet wird.

Diese beiden Werte charakterisieren den äußersten Grenzfall der Stabilität unter optimalen Kühlungsbedingungen ($\Omega = 0$). Frank-Kamenetzki[1], der das hier abgehandelte Problem unseres Wissens erstmals untersucht hat, gibt auch die Zahlenwerte der beiden Extremparameter für zylindrische und kugelförmige Reaktionsräume an, wobei die Länge L in unserer Formel (4.23) durch den Radius $\bar{R}$ dieser Räume zu ersetzen ist. Die entsprechenden Wertepaare sind in Tab. 4.2 zusammengestellt.

Tabelle 4.2 Zahlenwerte der Stabilitäts-Grenzparameter bei optimaler Kühlung ($\Omega = 0$)

Reaktionsraum	Λ^*	η^*
eben	0,937	1,19
zylindrisch	1,41	1,37
kugelförmig	1,82	1,60

Beispiel 4.2: Für die Methanol-Synthese können folgende Betriebsparameter als realistisch angesehen werden:

Kühlmitteltemperatur: $T_F = 500$ K; Aktivierungsenergie: $E = 80$ kJ/mol; Wärmequellendichte bei T_F: $W_F = 20$ kW/m³; Effektive Wärmeleitfähigkeit: $\lambda = 0.2$ W/Km.

Unter optimalen Kühlungsbedingungen ($\Omega = 0$) folgt für die maximale Übertemperatur in der Mitte eines ebenen Reaktionskanals über Gl. (4.20) und (4.26) unter Verwendung des Wertes $\eta^* = 1.19$ aus Tabelle 4.2:

$$T_0^* - T_F = \eta^* R T_F^2 / E \approx 31 \text{ K}.$$

Dieser überraschend niedrige Wert rechtfertigt unsere Näherung nach Gl. (4.17); da $(T_0^* - T_F)/T_F = 0.062$ gilt. Über Gl. (4.23) ergibt sich mit dem Tabellenwert $\Lambda^* = 0,937$ die maximal zulässige Halbbreite des ebenen Kanals zu

$$L^* = \Lambda^* T_F \sqrt{R \lambda / W_F E} \approx 0,015 \text{ m}.$$

Für einen zylindrischen Reaktionsraum (Radius $\bar{R}$) findet man mittels Tabelle 4.2 die entsprechenden Werte:

$$T_0^* - T_F \approx 36 \text{ K}; \quad \bar{R}^* \approx 0,023 \text{ m}.$$

Aufgrund des günstigeren Oberflächen/Volumen-Verhältnisses liegt die kritische Kanalbreite etwa 50% höher als beim ebenen Kanal.

---

[1] D.A. Frank-Kamenetzki: Stoff- und Wärmeübertragung in der chemischen Kinetik. Übersetzt und bearbeitet von J. Pawlowski. Berlin: Springer, 1959, 220 S. (insbesondere S. 149 ff.).

5. Stationäre mehrdimensionale Wärmeleitung

Die stationäre mehrdimensionale Wärmeleitung ohne innere Wärmequellen ist der Gültigkeitsbereich der Differentialgleichung nach Laplace

$$\Delta \vartheta = 0 \tag{5.1}$$

oder in rechtwinkligen kartesischen Koordinaten:

$$\frac{\partial^2 \vartheta}{\partial x^2} + \frac{\partial^2 \vartheta}{\partial y^2} + \frac{\partial^2 \vartheta}{\partial z^2} = 0. \tag{5.2}$$

Die Lösungen der Gln. (5.1) und (5.2) sind Systeme isothermer Flächen, zu denen sich orthogonale Systeme adiabater Flächen angeben lassen. An den Rändern des betrachteten Gebiets sind meist die Temperaturen vorgegeben (Randbedingung erster Art). Gesucht ist in der Regel der Wärmestrom zwischen zwei oder mehreren isothermen Flächen. Diese Flächen können geschlossen oder nicht geschlossen sein. Sind sie nicht geschlossen, so werden die übrigen Begrenzungen des Systems durch adiabate Flächen gebildet. Eine der isothermen Begrenzungen kann auch im Unendlichen liegen. Beim ebenen Problem treten Linien an die Stelle von Flächen.

5.1 Formkoeffizient und Formwiderstand

Der Wärmestrom Φ von der isothermen Fläche f_1 zur isothermen Fläche f_2 mit den Temperaturen ϑ_1 und ϑ_2 läßt sich durch Integration der lokalen Temperaturgradienten $\partial \vartheta / \partial n$ über die betreffenden Flächen berechnen in der Form

$$\Phi = -\lambda \iint\limits_{f_1} (\partial \vartheta / \partial n)_1 \, df_1 = \lambda \iint\limits_{f_2} (\partial \vartheta / \partial n)_2 \, df_2, \tag{5.3}$$

wenn $\partial / \partial n$ die Differentiation in Normalenrichtung bedeutet (positiv ins Innere des Gebiets). Diesen Wärmestrom kann man auch in der Form

$$\Phi = \lambda S (\vartheta_1 - \vartheta_2) \tag{5.4}$$

anschreiben, womit der Formkoeffizient S (englisch: shape factor) definiert ist, für den wir aus Gl. (5.3) und (5.4) die Beziehung

$$S = \frac{\iint\limits_{f_1} (\partial \vartheta / \partial n)_1 \, df_1}{\vartheta_2 - \vartheta_1} = -\frac{\iint\limits_{f_2} (\partial \vartheta / \partial n)_2 \, df_2}{\vartheta_2 - \vartheta_1} \tag{5.5}$$

erhalten. Dieser Formkoeffizient S ist eine geometrische Größe mit der Dimension einer Länge und ist unabhängig von der Wärmeleitfähigkeit λ und der angelegten Temperaturdifferenz $(\vartheta_2 - \vartheta_1)$.

Für Körper mit zweidimensionaler Temperaturverteilung, deren Länge senkrecht zur Zeichenebene l ist, kann man einen bezogenen Formkoeffizienten $S_l = S/l$ definieren, der die Dimension einer Zahl hat.

Beispiel 5.1: Die Formkoeffizienten S und S_l für eine Isolierschale als Hohlzylinder mit den Radien r_a und r_i sind nach Gl. (3.8)

$$S = \frac{2\pi l}{\ln(r_a/r_i)} \quad \text{und} \quad S_l = \frac{2\pi}{\ln(r_a/r_i)}.$$

Bei Parallelschaltung von Wärmeströmen addieren sich die Formkoeffizienten. Für die Halbschale eines Hohlzylinders erhält man danach $S_l = \pi/\ln(r_a/r_i)$.

Bei Hintereinanderschaltung von Wärmeströmen addieren sich die reziproken Formkoeffizienten oder die Formwiderstände $R = 1/S$ und $R_l = 1/S_l$. Bringt man auf den Hohlzylinder des obigen Beispiels eine zweite Schale mit den Radien r_b und r_a (mit $r_b > r_a$) auf, so erhält man für das gesamte System

$$\frac{1}{S_l} = R_l = \frac{\ln(r_a/r_i) + \ln(r_b/r_a)}{2\pi} = \frac{\ln(r_b/r_i)}{2\pi},$$

sofern die Trennfuge keinen zusätzlichen Widerstand verursacht.

Der Begriff des Formkoeffizienten läßt sich auch für andere physikalische Vorgänge anwenden, die der Laplace-Gleichung gehorchen. Die Ladung Q eines elektrischen Kondensators ist

$$Q = \varepsilon S (U_1 - U_2), \tag{5.6}$$

wenn ε die Dielektrizitätskonstante (SI-Einheit As/Vm) und $U_1 - U_2$ die Potentialdifferenz an den Belägen bedeuten.

Der stationäre elektrische Strom I in einem homogenen Bereich ist

$$I = \sigma S (U_1 - U_2) \tag{5.7}$$

mit σ als der elektrischen Leitfähigkeit (SI-Einheit A/Vm). Bei geometrischer Ähnlichkeit der Anordnungen sind die Formkoeffizienten S in allen drei Fällen gleich. Hiervon macht man beim elektrolytischen Trog Gebrauch (Abschnitt 5.7.1).

5.2 Transformation nach Kirchhoff

Die obigen Betrachtungen galten für den homogenen und isotropen Körper, dessen Wärmeleitfähigkeit nicht von der Temperatur abhängt. Alle Ergebnisse der stationären Wärmeleitung bleiben auch für temperaturabhängige Wärmeleitfähigkeit $\lambda(\vartheta)$ gültig, wenn man eine von Kirchhoff [5.1] angegebene Transformation verwendet. Wir gehen von Gl. (1.3) aus, die für den stationären Fall mit Wärmequelle W lautet:

$$\frac{\partial}{\partial x}\left(\lambda\,\frac{\partial\vartheta}{\partial x}\right)+\frac{\partial}{\partial y}\left(\lambda\,\frac{\partial\vartheta}{\partial y}\right)+\frac{\partial}{\partial z}\left(\lambda\,\frac{\partial\vartheta}{\partial z}\right)+W=0. \tag{5.8}$$

Kirchhoff führt eine neue Temperatur Θ ein, die durch die Gleichung

$$\lambda_{\mathrm{m}}\,\mathrm{d}\Theta = \lambda\,\mathrm{d}\vartheta \tag{5.9}$$

definiert ist, in der $\lambda = \lambda(\vartheta)$ die temperaturabhängige Wärmeleitfähigkeit und λ_{m} einen konstanten Mittelwert bedeuten. Mit Gl. (5.9) schreibt sich Gl. (5.8):

$$\frac{\partial^2\Theta}{\partial x^2}+\frac{\partial^2\Theta}{\partial y^2}+\frac{\partial^2\Theta}{\partial z^2}+\frac{W}{\lambda_{\mathrm{m}}}=0. \tag{5.10}$$

Damit sind alle Lösungen für konstantes λ auch für den Fall $\lambda(\vartheta)$ anwendbar. Die durch Gl. (5.9) eingeführte neue Temperatur Θ wird man zweckmäßigerweise so wählen, daß für die höchsten und niedrigsten vorkommenden Werte $\vartheta_2=\Theta_2$ und $\vartheta_1=\Theta_1$ gilt. Durch Integration von Gl. (5.9) erhält man — je nachdem, ob $\vartheta_2>\vartheta_1$ oder $\vartheta_1>\vartheta_2$ gilt —

$$\lambda_{\mathrm{m}}(\Theta_2-\Theta_1)=\lambda_{\mathrm{m}}(\vartheta_2-\vartheta_1)=\int_{\vartheta_1}^{\vartheta_2}\lambda(\vartheta)\,\mathrm{d}\vartheta \qquad \text{für } \vartheta_2>\vartheta_1,$$

$$\lambda_{\mathrm{m}}(\Theta_1-\Theta_2)=\lambda_{\mathrm{m}}(\vartheta_1-\vartheta_2)=\int_{\vartheta_2}^{\vartheta_1}\lambda(\vartheta)\,\mathrm{d}\vartheta \qquad \text{für } \vartheta_1>\vartheta_2$$

und damit für λ_{m} den integralen Mittelwert

$$\lambda_{\mathrm{m}}=\frac{1}{\vartheta_2-\vartheta_1}\int_{\vartheta_1}^{\vartheta_2}\lambda(\vartheta)\,\mathrm{d}\vartheta \quad \text{bzw.} \quad \lambda_{\mathrm{m}}=\frac{1}{\vartheta_1-\vartheta_2}\int_{\vartheta_2}^{\vartheta_1}\lambda(\vartheta)\,\mathrm{d}\vartheta. \tag{5.11}$$

Hängt λ linear von der Temperatur ab, so ist λ_{m} bei der Temperatur $(\vartheta_1+\vartheta_2)/2$ zu nehmen, was für viele Fälle als Näherung ausreichen dürfte. Bei der Randbedingung dritter Art sind die Temperaturen der Begrenzungen nicht von vorneherein bekannt. Sie sind dann zu schätzen und durch Iteration zu verbessern.
Bei Stoffen, die in einem großen Temperaturbereich verwendet werden (z.B. Kernbrennstoffe), tabelliert man zweckmäßigerweise nicht nur

$\lambda(\vartheta)$, sondern auch eine integrale Wärmeleitfähigkeit

$$\Lambda_{12} = \int_{\vartheta_1}^{\vartheta_2} \lambda(\vartheta)\,\mathrm{d}\vartheta \quad \text{bzw.} \quad \Lambda_{21} = \int_{\vartheta_2}^{\vartheta_1} \lambda(\vartheta)\,\mathrm{d}\vartheta$$

mit einer willkürlich gewählten Anfangstemperatur, z.B. 0 °C. Aus diesem $\Lambda_{0\vartheta}(\vartheta)$ erhält man dann das gesuchte Λ_{12} aus der einfachen Beziehung $\Lambda_{12} = \Lambda_{02} - \Lambda_{01}$. Tabelle 5.1 zeigt als Beispiel λ und Λ für Urandioxid von 0 °C bis 2800 °C (Schmelzpunkt) nach [5.2]. Hiervon wurde bereits in Gl. (4.11) Gebrauch gemacht. Schreibt man den Wärmestrom Φ unter Benutzung des Formkoeffizienten S nach Gl. (5.4) (ohne Wärmequellen) mit λ_m nach Gl. (5.11), so erhält man

$$\Phi = -\lambda_m S(\vartheta_2 - \vartheta_1) = -S \int_{\vartheta_1}^{\vartheta_2} \lambda(\vartheta)\,\mathrm{d}\vartheta = -S\Lambda_{12} \quad \text{für } \vartheta_2 > \vartheta_1$$

$$\Phi = \lambda_m S(\vartheta_1 - \vartheta_2) = S \int_{\vartheta_2}^{\vartheta_1} \lambda(\vartheta)\,\mathrm{d}\vartheta = S\Lambda_{21} \quad \text{für } \vartheta_1 > \vartheta_2$$

$$\tag{5.12}$$

Tabelle 5.1. Wärmeleitfähigkeit λ und integrale Wärmeleitfähigkeit Λ von Urandioxid als Funktion der Celsius-Temperatur [5.2]

ϑ	λ	$\Lambda_{0\vartheta} = \int_0^\vartheta \lambda(\vartheta)\,\mathrm{d}\vartheta$
°C	W/Km	W/m
0	10,73	0
100	8,24	937
500	4,30	3270
1000	2,81	4980
1500	2,35	6250
2000	2,39	7420
2500	2,84	8710
2800	3,29	9630

Der gesuchte Wärmestrom Φ zwischen den isothermen Flächen mit den Temperaturen ϑ_1 und ϑ_2 ergibt sich also einfach als Produkt aus Formkoeffizient S und integraler Wärmeleitfähigkeit Λ_{12} bzw. Λ_{21}.

5.3 Konforme Abbildung

Wir betrachten im folgenden zweidimensionale stationäre Temperaturfelder ohne Wärmequellen mit konstanter Wärmeleitfähigkeit. Aus der

Kontinuitätsgleichung für den Wärmestrom nach Abschnitt 1, $\operatorname{div} q = 0$ oder

$$\frac{\partial q_x}{\partial x} + \frac{\partial q_y}{\partial y} = 0 \tag{5.13}$$

und den Ansätzen von Biot und Fourier

$$q_x = -\lambda \frac{\partial \vartheta}{\partial x} \quad \text{und} \quad q_y = -\lambda \frac{\partial \vartheta}{\partial y} \tag{5.14}$$

folgt die Laplace-Gleichung

$$\frac{\partial^2 \vartheta}{\partial x^2} + \frac{\partial^2 \vartheta}{\partial y^2} = 0. \tag{5.15}$$

Differenziert man die Teilgleichungen (5.14) nach y bzw. x, so folgt

$$\frac{\partial q_x}{\partial y} - \frac{\partial q_y}{\partial x} = 0 \tag{5.16}$$

oder allgemeiner

$$\operatorname{rot} q = 0.$$

Das Temperaturfeld ist also auch wirbelfrei.
Die Laplace-Gleichung (5.15) wird nicht nur durch die skalare Funktion $\vartheta(x, y)$ erfüllt, die wir uns hier durch die Gln. (5.14) definiert denken können, sondern auch durch eine skalare Funktion $\psi(x, y)$, die sogenannte Stromfunktion, mit folgenden Definitionsbeziehungen:

$$q_x = -\lambda \frac{\partial \psi}{\partial y} \quad \text{und} \quad q_y = \lambda \frac{\partial \psi}{\partial x}. \tag{5.17}$$

Einsetzen dieser Ausdrücke in Gl. (5.16) ergibt

$$\frac{\partial^2 \psi}{\partial x^2} + \frac{\partial^2 \psi}{\partial y^2} = 0. \tag{5.18}$$

Durch Vergleich zwischen Gl. (5.14) und (5.17) entstehen die Ausdrücke

$$\frac{\partial \vartheta}{\partial x} = \frac{\partial \psi}{\partial y} \quad \text{und} \quad \frac{\partial \vartheta}{\partial y} = -\frac{\partial \psi}{\partial x}, \tag{5.19}$$

die als Cauchy-Riemann-Beziehungen bekannt sind. Sie folgen hier bereits aus der Definition von ϑ und ψ und sind identisch mit der Aussage, daß ϑ und ψ die Laplace-Gleichung erfüllen.
Aus den Cauchy-Riemann-Beziehungen folgt auch, daß die beiden Kurvenscharen $\vartheta = \text{const}$ und $\psi = \text{const}$ ein orthogonales Netz bilden,

denn man erhält für die beiden Richtungstangenten:

$$\left(\frac{\mathrm{d}y}{\mathrm{d}x}\right)_{\vartheta\,=\,\mathrm{const}} = \frac{\partial\vartheta/\partial x}{\partial\vartheta/\partial y} = \frac{q_x}{q_y}, \tag{5.20}$$

$$\left(\frac{\mathrm{d}y}{\mathrm{d}x}\right)_{\psi\,=\,\mathrm{const}} = \frac{\partial\psi/\partial x}{\partial\psi/\partial y} = -\frac{q_y}{q_x}. \tag{5.21}$$

Da beide Funktionen ϑ und ψ die Laplace-Gleichung erfüllen, können Isothermen und Wärmestromlinien in ihrer physikalischen Bedeutung vertauscht werden; diese Vertauschung gilt auch für die Berandungen. Bezeichnet $\partial/\partial n$ die Differentiation normal zu einer Isotherme, also in Richtung einer Wärmestromline, und $\partial/\partial s$ die Differentiation längs einer Isotherme, so folgt aus den Cauchy-Riemann-Beziehungen auch

$$\frac{\partial\vartheta}{\partial n} = \frac{\partial\psi}{\partial s}, \tag{5.22}$$

denn es gilt

$$\frac{\partial\vartheta}{\partial n} = \frac{\partial\vartheta}{\partial x}\cos\varphi + \frac{\partial\vartheta}{\partial y}\sin\varphi = \frac{\partial\psi}{\partial y}\cos\varphi - \frac{\partial\psi}{\partial x}\sin\varphi = \frac{\partial\psi}{\partial s},$$

wenn φ der Winkel zwischen x- und n-Richtung ist. Der Wärmestrom Φ, der eine Isotherme zwischen den Punkten s_1 und s_2 durchsetzt, wird daher

$$\Phi = -\lambda l\int_{s_1}^{s_2}\frac{\partial\vartheta}{\partial n}\,\mathrm{d}s = -\lambda l\int_{s_1}^{s_2}\frac{\partial\psi}{\partial s}\,\mathrm{d}s = \lambda l(\psi_1 - \psi_2) \tag{5.23}$$

mit l als Höhe des betrachteten Körpers senkrecht zur Zeichenebene und ψ_1 und ψ_2 als Werten der Stromfunktion an den Stellen s_1 und s_2 der Isotherme. Schreibt man diesen Wärmestrom mit Hilfe des bezogenen Formkoeffizienten $S_l = S/l$ nach Abschnitt 5.1, so erhält man entsprechend Gl. (5.4)

$$\Phi = \lambda l S_l(\vartheta_1 - \vartheta_2) \tag{5.24}$$

und damit durch Vergleich mit Gl. (5.23)

$$S_l = \frac{\psi_1 - \psi_2}{\vartheta_1 - \vartheta_2}. \tag{5.25}$$

Der bezogene Formkoeffizient S_l hat in der Tat die Dimension einer Zahl, da nach unserer Definition gemäß Gl. (5.17) auch die Stromfunktion ψ die Dimension einer Temperatur hat. Vertauscht man Stromlinien und Isothermen, so erhält man nach Gl. (5.25) den reziproken Wert von S_l. Das gilt nur für ebene Temperaturfelder.

Die Methode der konformen Abbildung [5.3] macht von der Tatsache Gebrauch, daß gewisse Funktionen einer komplexen Variablen $z = x + iy$ die Cauchy-Riemann-Bedingungen erfüllen. Wir nehmen an, $w = f(z)$ sei eine solche Funktion und schreiben sie in der Form

$$w = f(z) = f(x + iy) = u(x, y) + i\,v(x, y)$$

mit u und v als zwei reellen Funktionen der reellen Variablen x und y. Von der Funktion $w = f(z)$ wird verlangt, daß sie an der Stelle z differenzierbar sei, daß also der Grenzwert

$$\lim_{\varepsilon \to 0} \left(\frac{f(z + \varepsilon) - f(z)}{\varepsilon} \right) = f'(z)$$

existiert mit $\varepsilon = h + ik$ als einer komplexen Zahl, wenn ε auf beliebigem Wege, also z.B. längs $x = $ const oder längs $y = $ const gegen Null geht. Das bedeutet auch, daß die partiellen Ableitungen nach x und iy von

$$w(x + iy) = u(x, y) + i\,v(x, y)$$

einander gleich sein müssen. Es muß also gelten:

$$\frac{\partial w}{\partial x} = \frac{\partial u}{\partial x} + i\,\frac{\partial v}{\partial x} = \frac{1}{i}\,\frac{\partial w}{\partial y} = \frac{1}{i}\,\frac{\partial u}{\partial y} + \frac{\partial v}{\partial y}.$$

Durch Vergleich der reellen und imaginären Teile folgen die Cauchy-Riemann-Beziehungen

$$\frac{\partial u}{\partial x} = \frac{\partial v}{\partial y} \quad \text{und} \quad \frac{\partial u}{\partial y} = -\frac{\partial v}{\partial x}.$$

Funktionen, die diese Bedingungen erfüllen, heißen analytische Funktionen. Da, wie oben nachgewiesen, damit auch die Laplace-Gleichung erfüllt ist, folgt der für die konforme Abbildung grundlegende

Satz: Jede analytische Funktion $w(z)$ einer komplexen Variablen $z = x + iy$ ist eine Lösung der Laplace-Gleichung. Sie liefert zwei zueinander orthogonale Kurvenscharen $u(x, y)$ und $v(x, y)$, die wechselseitig als Isothermen oder als Wärmestromlinien gedeutet werden können.   □

Auch die Funktion $z = x + iy$ ist eine Lösung der Laplace-Gleichung. Die Linien $x = $ const und $y = $ const sind Isothermen oder Wärmestromlinien. Es handelt sich um den eindimensionalen Wärmestrom durch eine ebene Platte. Ebenso ist die Normalform $z = r \exp(i\varphi)$ mit r als Radiusvektor und φ als Zentriwinkel eine Lösung der Laplace-Gleichung. Die Kreise $r = $ const sind Isothermen und die Radien $\varphi = $ const

Wärmestromlinien. Es handelt sich um den eindimensionalen Wärmestrom durch einen Hohlzylinder.

Die Aufgabe der konformen Abbildung besteht danach darin, geeignete analytische Funktionen $w(z)$ zu finden, mit deren Hilfe man komplizierte Berandungen einer gegebenen Anordnung auf einen der beiden oben genannten eindimensionalen Fälle zurückführen kann. Oft gelingt das erst nach mehrfachen Transformationen. Ein einfaches Beispiel soll das Grundsätzliche des Verfahrens zeigen:

Gegeben sei die Abbildungsfunktion $w=z^2$, mit der wir erhalten:

$$w=u+\mathrm{i}\,v=z^2=(x+\mathrm{i}\,y)^2=x^2+\mathrm{i}2x\,y-y^2.$$

Durch Vergleich der reellen und der imaginären Anteile entstehen die Beziehungen

$$u=x^2-y^2 \quad \text{und} \quad v=2x\,y.$$

Die Geraden $u=\text{const}$ und $v=\text{const}$ der w-Ebene werden Hyperbeln in der z-Ebene. Zur Prüfung, ob $w=z^2$ eine analytische Funktion ist, bilden wir die Ableitungen

$$\frac{\partial u}{\partial x}=2x; \quad \frac{\partial v}{\partial y}=2x; \quad \frac{\partial u}{\partial y}=-2y; \quad \frac{\partial v}{\partial x}=2y.$$

Die Cauchy-Riemann-Bedingungen sind offenbar erfüllt. Die durch die Abbildung bedingte Verzerrung erkennt man am besten durch Vergleich der beiden Normalformen $z=r\exp(\mathrm{i}\varphi)$ und $w=\rho\exp(\mathrm{i}\omega)$, wobei ρ und ω den Radiusvektor und den Zentriwinkel in der w-Ebene bedeuten. Mit $z^2=r^2\exp(\mathrm{i}2\varphi)$ folgen die Beziehungen

$$\rho=r^2 \quad \text{und} \quad \omega=2\varphi.$$

Die Radien der w-Ebene entstehen durch Quadrieren der Radien der z-Ebene, die Zentriwinkel der w-Ebene sind doppelt so groß wie die der z-Ebene. Diese Abbildung ist in Bild 5.1 a und b in der w-Ebene

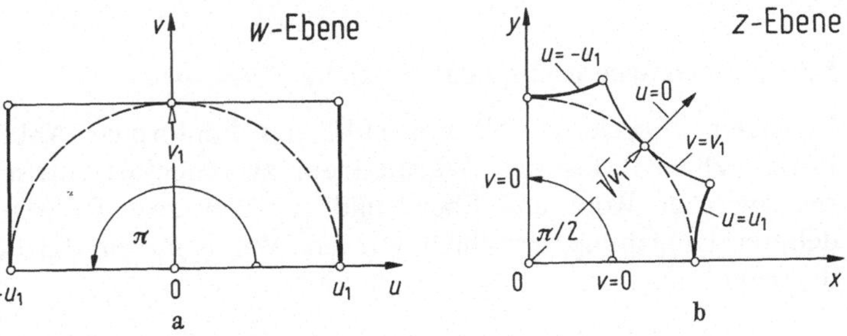

Bild 5.1 a u. b. Konforme Abbildung mittels der Funktion $w=z^2$

und in der z-Ebene dargestellt. Die beiden Stücke der u-Achse ($v=0$) der w-Ebene zwischen 0 und u_1 bzw. 0 und $-u_1$ sind um den Winkel $\pi/2$ geknickt und liegen auf der x- und y-Achse der z-Ebene. Die Gerade $v=v_1$ ist zur gleichseitigen Hyperbel geworden, die positive v-Achse ($u=0$) bildet die Winkelhalbierende im ersten Quadranten der z-Ebene. Die Figur wird außerdem von zwei Hyperbeln begrenzt, in die sich die Geraden $u=u_1$ und $u=-u_1$ der w-Ebene abbilden.

Betrachtet man die Figur in der w-Ebene als Ausschnitt aus einer ebenen Platte mit einem eindimensionalen Wärmestrom in v-Richtung, so müssen die Begrenzungen $v=0$ und $v=v_1$ Isothermen mit den Temperaturen ϑ_1 und ϑ_2 sein. Der auf die beliebige Länge l senkrecht zur Zeichenebene bezogene Wärmestrom ist dann

$$\Phi_l = \Phi/l = \lambda \frac{2u_1}{v_1}(\vartheta_1 - \vartheta_2).$$

Der bezogene Formkoeffizient dieser Anordnung ist

$$S_l = S/l = 2u_1/v_1.$$

Den gleichen Wärmestrom und den gleichen Formkoeffizienten erhalten wir in der z-Ebene zwischen entsprechenden Begrenzungen. Hier sind die beiden Abschnitte $v=0$ der x- und y-Achse die eine und die gleichseitige Hyperbel $v=v_1$ die andere Isotherme.

Entsprechendes gilt für den Wärmestrom in der w-Ebene in u-Richtung. Der bezogene Wärmestrom wird hier

$$\Phi_l' = \lambda \frac{v_1}{2u_1}(\vartheta_1 - \vartheta_2),$$

da jetzt die Geraden $u=-u_1$ und $u=u_1$ die Isothermen ϑ_1 und ϑ_2 sind. Der bezogene Formkoeffizient ist

$$S_l' = v_1/(2u_1),$$

der auch bei der Übertragung in die z-Ebene gültig bleibt. Der Vergleich ergibt $S_l = 1/S_l'$.

5.3.1 Exzentrische Rohre und verwandte Probleme

In diesem Abschnitt soll mit Hilfe der konformen Abbildung der Formkoeffizient für den Wärmestrom zwischen exzentrischen Rohren, zwischen Rohr und Ebene und zwischen zwei Rohren in ausgedehnter Umgebung berechnet werden. Wir benutzen dazu die Abbildungsfunktion

$$w = u + \mathrm{i}\,v = \frac{z + \mathrm{i}f}{z - \mathrm{i}f} \tag{5.26}$$

mit $z = x + iy$ und f als einer reellen Größe. Gleichung (5.26) ist ein Sonderfall der allgemeinen linearen Transformation

$$w = \frac{az + ib}{cz + id}$$

mit a, b, c, d als komplexen Größen. Diese lineare Abbildungsfunktion bildet Kreise wieder in Kreise ab einschließlich der Geraden als Kreis mit unendlichem Radius. Um in Gl. (5.26) w in den reellen und den imaginären Teil zerlegen zu können, erweitert man zweckmäßigerweise mit der zum Nenner konjugiert komplexen Funktion $x - iy + if$ und erhält nach einigen Umrechnungen

$$u = \frac{x^2 + y^2 - f^2}{x^2 + (y-f)^2} \quad \text{und} \quad v = \frac{2fx}{x^2 + (y-f)^2}. \tag{5.27}$$

Ein Kreis um den Koordinatenursprung der w-Ebene gehorcht der Gleichung

$$u^2 + v^2 = \rho^2 \tag{5.28}$$

mit ρ als dem Kreisradius. Werden u und v aus Gl. (5.27) in Gl. (5.28) eingesetzt, so erhält man jene Figur der z-Ebene, die dem Kreis der w-Ebene gemäß der Abbildungsfunktion (5.26) entspricht. In bezogenen Koordinaten der z-Ebene, x/f und y/f, erhält man damit die Beziehung

$$\left(\frac{x}{f}\right)^2 + \left(\frac{y}{f} - \frac{\rho^2 + 1}{\rho^2 - 1}\right)^2 = \frac{4\rho^2}{(\rho^2 - 1)^2}. \tag{5.29}$$

Das ist die Gleichung eines Kreises in der z-Ebene mit dem Radius r/f, dessen Mittelpunkt um b/f in Richtung der positiven y/f-Achse verschoben ist. Es gelten die aus Gl. (5.29) ablesbaren Beziehungen

$$\frac{b}{f} = \frac{\rho^2 + 1}{\rho^2 - 1}; \quad \frac{r}{f} = \frac{2\rho}{|\rho^2 - 1|}; \quad \left|\frac{b}{r}\right| = \frac{\rho^2 + 1}{2\rho}. \tag{5.30}$$

Für den Radius ρ der w-Ebene erhält man aus Gl. (5.30)

$$\rho = \left|\frac{b}{r}\right| \pm \sqrt{\frac{b^2}{r^2} - 1}. \tag{5.31}$$

In den Grenzfällen $\rho = 0$ und $\rho \to \infty$ ziehen sich die Kreise auf Punkte zusammen ($r/f = 0$), welche bei $b/f = -1$ bzw. $+1$ liegen.
Nach Bild 5.2 werden die konzentrischen Kreise mit dem Radius ρ der w-Ebene durch die Transformationsgleichung (5.26) in zwei Kreisbüschel der z-Ebene übertragen, deren Quellzentren bei $y/f = \pm 1$ liegen.

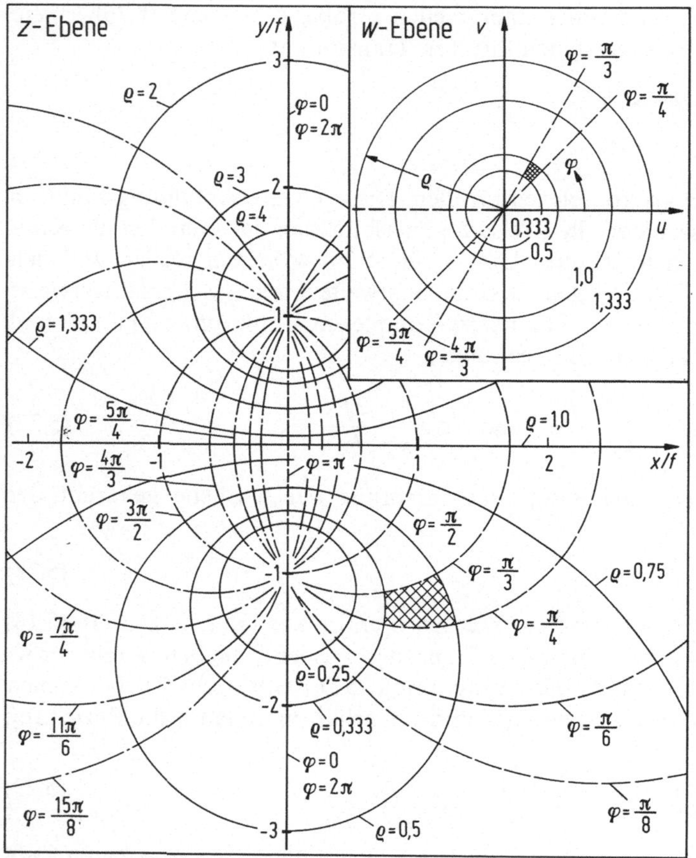

Bild 5.2. Lineare Transformation zwischen z-Ebene und w-Ebene

Der Kreis mit dem Radius $\rho = 1$ entspricht der x/f-Achse der z-Ebene, alle Kreise mit $\rho > 1$ liegen in der oberen, alle Kreise mit $\rho < 1$ in der unteren Halbebene. Der bezogene Wärmestrom zwischen zwei Kreisen der w-Ebene ist für $\rho_2 > \rho_1$ in Richtung von ρ_1 nach ρ_2 analog zu Gl. (3.8):

$$\Phi_l = \frac{2\pi\lambda}{\ln(\rho_2/\rho_1)}(\vartheta_1 - \vartheta_2) \tag{5.32}$$

und der bezogene Formkoeffizient

$$S_l = \frac{2\pi}{\ln(\rho_2/\rho_1)}. \tag{5.33}$$

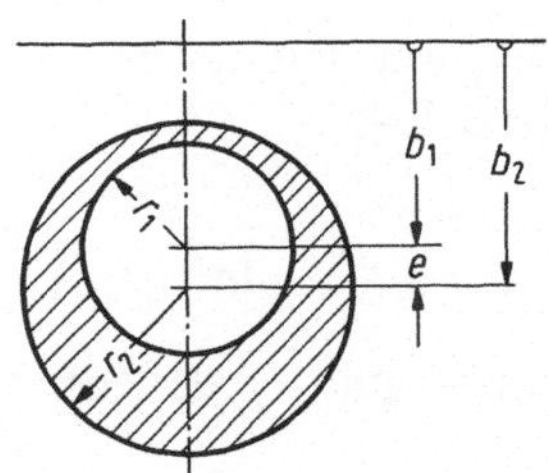

Bild 5.3. Exzentrische Rohre

Wärmestrom Φ_l und Formkoeffizient S_l gelten auch für die entsprechende Konfiguration der z-Ebene, wenn ρ aus Gl. (5.31) eingesetzt wird. Zur Auswertung sind die Hilfsformel

$$\ln(x + \sqrt{x^2 - 1}) = \text{arcosh}\, x$$

und das Additionstheorem der arcosh-Funktion

$$\text{arcosh}\, x \pm \text{arcosh}\, y = \text{arcosh}(x\, y \pm \sqrt{(x^2 - 1)(y^2 - 1)})$$

nützlich. Je nach der Wahl von ρ_1 und ρ_2 in Gl. (5.33) erhält man folgende bezogene Formkoeffizienten:

1. Zwei exzentrische Rohre, $\rho_2 < 1$ und $\rho_1 < \rho_2$, nach Bild 5.3, (oder $\rho_1 > 1$ und $\rho_2 > \rho_1$):

$$S_l = \frac{2\pi}{\ln(\rho_2/\rho_1)} = \frac{2\pi}{\text{arcosh}((r_1^2 + r_2^2 - e^2)/2 r_1 r_2)} \tag{5.34}$$

mit r_1 und r_2 als Rohrradien und $e = |b_2 - b_1|$ als Exzentrizität (Achsabstand).

Beispiel 5.2: Eine Prozeßdampfleitung vom Außenradius r_1 ist von einem Isoliermantel umgeben, für dessen Dicke die wärmeschutztechnische Berechnung gerade den Wert des Außenradius r_1 lieferte. Es gilt demnach $r_2 - r_1 = r_1$ bzw. $r_2 = 2r_1$ und man erhält für den bezogenen Formkoeffizienten des konzentrischen Ringmantels aus Gl. (5.34) für $e = 0$

$$S_l = \frac{2\pi}{\text{arcosh}\, 1{,}25} = \frac{2\pi}{0{,}693}$$

Auf einem Teilstück der Verlegungsstrecke des Dampfrohres verläuft dieses parallel zu einer Wand, wobei die Rohrachse aufgrund beengter Platzverhältnisse nur einen Wandabstand von $a = 1{,}5 r_1$ hat. Die ansonsten unveränderte (gestopfte) Isolierung wird deshalb mit der Exzentrizität $e = r_1/2$ aufgebracht. Bezeichnet der Index e die exzentrische Anordnung, so läßt sich die Erhöhung des Wärmeverlustes über Gl. (5.34) wie folgt ermitteln:

$$\frac{(\Phi_l)_e}{\Phi_l} = \frac{(S_l)_e}{S_l} = \frac{\text{arcosh}\, 1{,}25}{\text{arcosh}\, (4{,}75/4)} = 1{,}15.$$

Der Mehrverlust beträgt also nur 15%.

2. Zwei Rohre im ausgedehnten Medium, $\rho_2 > 1$ und $\rho_1 < 1$, nach Bild 5.4:

$$S_l = \frac{2\pi}{\ln(\rho_2/\rho_1)} = \frac{2\pi}{\operatorname{arcosh}((d^2 - r_1^2 - r_2^2)/2r_1 r_2)} \tag{5.35}$$

mit r_1 und r_2 als Rohrradien und $d = |b_1| + b_2$ als Achsabstand.

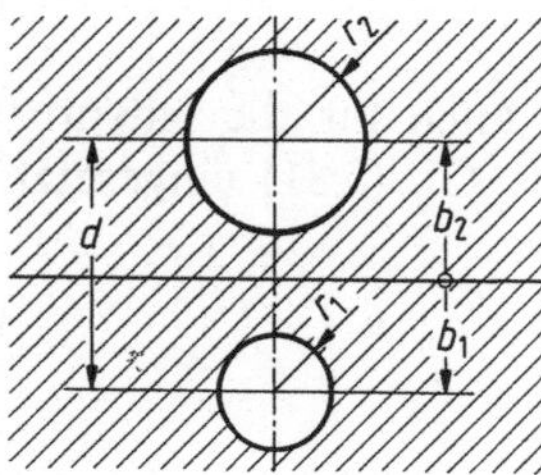

Bild 5.4. Zwei Rohre im ausgedehnten Medium

3. Zwei Rohre gleichen Durchmessers im ausgedehnten Medium, $\rho_2 = 1/\rho_1 = \rho > 1$; $b = |b_1| = b_2$:

$$S_l = \frac{2\pi}{2\ln\rho} = \frac{\pi}{\operatorname{arcosh}(b/r)} = \frac{\pi}{\operatorname{arcosh}(d/2r)} \tag{5.36}$$

mit $d = 2b$ gemäß Fall 2 und $r = r_1 = r_2$.

4. Rohr im Erdboden mit dem Radius $r = r_1$ und der Verlegungstiefe $t = |b_1|$; $\rho_2 = 1$, $\rho = 1/\rho_1 > 1$, nach Bild 5.5:

$$S_l = \frac{2\pi}{\ln\rho} = \frac{2\pi}{\operatorname{arcosh}(t/r)}. \tag{5.37}$$

Der bezogene Formkoeffizient S_l nach Gl. (5.37) ist das Doppelte von S_l nach Gl. (5.36), weil es sich im Fall 3 um zwei gleich große, hintereinandergeschaltete Widerstände gegenüber dem Fall 4 handelt.

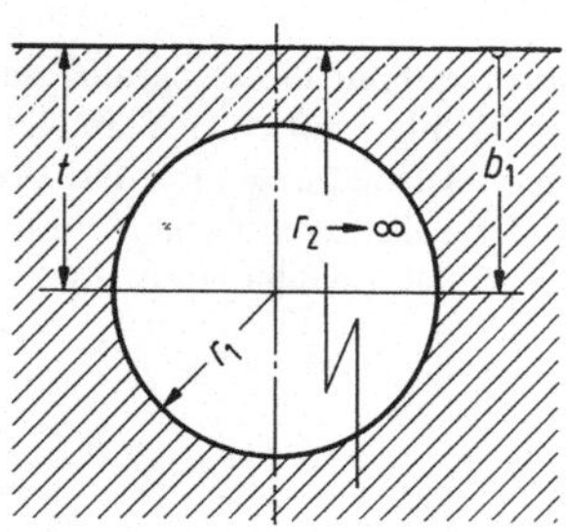

Bild 5.5. Rohr im Erdboden

Für die numerische Berechnung der bezogenen Formkoeffizienten nach
Gl. (5.34) bis (5.37) kann man oft zwei Näherungsgleichungen mit Vorteil verwenden:

$$\operatorname{arcosh} x \approx \ln(2x) \quad \text{für } x \gg 1, \tag{5.38}$$

$$\operatorname{arcosh} x \approx \sqrt{2(x-1)} \quad \text{für } x \ll 2. \tag{5.39}$$

Beispiel 5.3: Ein Rohr von $r = 250\,\text{mm}$ Radius ist mit einer Verlegungstiefe $t = 750\,\text{mm}$ in Sandboden verlegt ($\lambda = 1,5\,\text{W/Km}$). Der bezogene Formkoeffizient beträgt

$$S_l = \frac{2\pi}{\operatorname{arcosh}(t/r)} = \frac{2\pi}{\operatorname{arcosh} 3} = 3,56$$

und der Wärmeverlust bei einer Rohrtemperatur von $\vartheta_1 = 100\,°\text{C}$ und einer Temperatur der Erdoberfläche von $\vartheta_2 = 0\,°\text{C}$:

$$\Phi_l = \lambda S_l(\vartheta_1 - \vartheta_2) = 1,5\,\text{W/Km} \cdot 3,56 \cdot 100\,\text{K} = 534\,\text{W/m}.$$

Die konforme Abbildung liefert nur für den Wärmestrom zwischen
Isothermen (Randbedingung erster Art) exakte Werte. Endlicher Wärmeübergang (Randbedingung dritter Art) läßt sich mit der Hilfswandmethode näherungsweise berücksichtigen.

Beispiel 5.4: In Beispiel 5.3 sei jetzt die Lufttemperatur $0\,°\text{C}$ und über dem Erdboden herrsche ein Wärmeübergangskoeffizient $\alpha = 10\,\text{W/Km}^2$. Damit kann man eine fiktive Verlegungstiefe t^* ausrechnen:

$$t^* = t + \lambda/\alpha = (0,75 + 1,5/10)\,\text{m} = 0,9\,\text{m}.$$

Der bezogene Formkoeffizient wird $S_l = 3,21$ und der Wärmeverlust $\Phi_l = 482\,\text{W/m}$. Die Erdoberfläche ist jetzt keine Isotherme mehr.

5.4 Fiktive Wärmequellen und -senken

Da die Laplace-Gleichung linear ist, sind auch Summen von Lösungen
wieder Lösungen. Man kann durch Überlagerung wirklicher und angenommener (fiktiver) Wärmequellen und -senken versuchen, ein gegebenes Feld von Isothermen nachzuahmen. Als Beispiel betrachten wir den
schon in Abschnitt 5.31 behandelten Fall eines Rohres oder Kabels im
Erdboden. Nach Bild 5.6 nehmen wir eine zylindrische Wärmequelle
mit dem Radius r_0 und der Temperatur ϑ_0 in der Tiefe f an ($r_0 \ll f$).
Um die Isotherme des Erdbodens, der wir die Temperatur $\vartheta = 0$ geben,
zu erzeugen, denken wir uns eine zylindrische Wärmesenke mit dem
Radius r_0 und der Temperatur $-\vartheta_0$ spiegelbildlich zur Wärmequelle
angebracht. Die Senke soll gerade den Wärmestrom aufnehmen, den
die Quelle abgibt. Diese Wärmeströme lassen sich in der Form

$$\Phi_{l,1} = 2\pi\,\lambda(\vartheta_0 - \vartheta_a)/\ln(R_1/r_0)$$

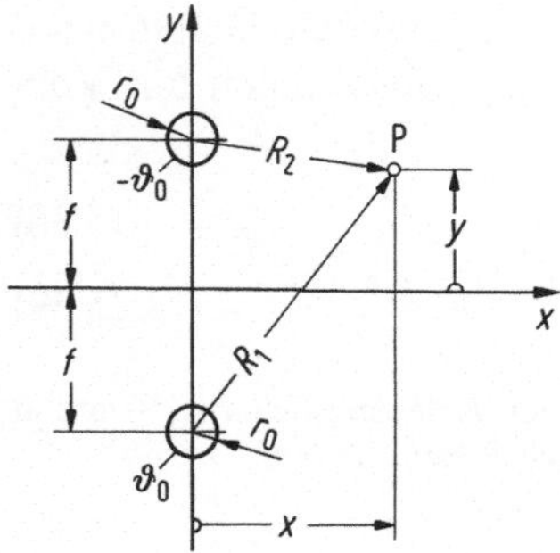

Bild 5.6.
Rohr im Erdboden mit fiktiver Wärmesenke

und

$$\Phi_{l,2} = 2\pi\,\lambda(\vartheta_b - (-\vartheta_0))/\ln(R_2/r_0)$$

anschreiben. Sie erzeugen einzeln im Punkt P die Temperaturen ϑ_a und ϑ_b, unter der gemeinsamen Wirkung beider herrscht dort die Temperatur

$$\vartheta = \vartheta_a + \vartheta_b = \Phi_l \ln(R_2/R_1)/2\pi\,\lambda = \Phi_l \ln(R_2^2/R_1^2)/4\pi\,\lambda, \qquad (5.40)$$

weil $\Phi_{l,1} = \Phi_{l,2} = \Phi_l$ gelten soll.
Setzt man in Gl. (5.40) die aus Bild 5.6 ablesbaren Beziehungen

$$R_1^2 = x^2 + (f+y)^2 \quad \text{und} \quad R_2^2 = x^2 + (f-y)^2$$

ein, so erhält man

$$\vartheta = \frac{\Phi_l}{4\pi\,\lambda}\ln\left(\frac{x^2+(f-y)^2}{x^2+(f+y)^2}\right)$$

oder

$$\exp\left(\frac{4\pi\,\lambda\,\vartheta}{\Phi_l}\right) = \frac{x^2+(f-y)^2}{x^2+(f+y)^2} = k^2 = \frac{R_2^2}{R_1^2}. \qquad (5.41)$$

Die Isothermen $\vartheta = \text{const}$ und damit $k = R_2/R_1 = \text{const}$ haben danach folgende Form:

$$x^2 + \left(y - \frac{1+k^2}{1-k^2}f\right)^2 = \frac{4f^2 k^2}{(1-k^2)^2}. \qquad (5.42)$$

Das sind Kreise mit den Radien

$$r = |2fk/(1-k^2)|,$$

deren Mittelpunkte um

$$b = (1+k^2)f/(1-k^2)$$

auf der y-Achse verschoben sind. Eliminieren wir noch die (nicht unmittelbar gegebene) Länge f, so erhalten wir

$$\left|\frac{r}{b}\right| = \frac{2k}{1+k^2} \quad \text{oder} \quad k = \left|\frac{b}{r}\right| \pm \sqrt{\frac{b^2}{r^2} - 1}. \tag{5.43}$$

Der bezogene Wärmestrom Φ_l läßt sich aus Gl. (5.41) berechnen. Es gilt

$$\Phi_l = \frac{2\pi\lambda\vartheta}{\ln k} = \frac{2\pi\lambda\vartheta}{\text{arcosh}\,|b/r|} \tag{5.44}$$

mit k aus Gl. (5.43) und unter Benutzung der Hilfsformel aus Abschnitt 5.3.1. Dieser Wärmestrom gilt für ein Rohr oder Kabel mit dem Radius r, das in der Tiefe b in einem Medium der Wärmeleitfähigkeit λ verlegt ist und gegenüber der ebenen Oberfläche die Übertemperatur ϑ besitzt. Aus Gl. (5.44) erhält man noch den bezogenen Formkoeffizienten

$$S_l = \frac{2\pi}{\ln k} = \frac{2\pi}{\text{arcosh}\,|b/r|} \tag{5.45}$$

in Übereinstimmung mit Gl. (5.37). Somit gelten auch alle übrigen Folgerungen aus dieser Gleichung, die in Abschnitt 5.3.1 abgeleitet wurden.
Die Methode der fiktiven Wärmequellen und -senken ist auch für räumliche Felder anwendbar und führt bei ebenen Feldern oft auch dann noch zum Ziel, wenn keine konforme Abbildung auf einfache Geometrien bekannt ist.

5.5 Zeichnerische Verfahren

Die Eigenschaften der beiden orthogonalen Netze, der Isothermen und der Wärmestromlinien, lassen sich zur zeichnerischen Ermittlung von Formkoeffizienten ausnutzen. Bild 5.7 zeigt einen Ausschnitt der Netze $\vartheta = \text{const}$ und $\psi = \text{const}$. Der Wärmestrom zwischen den Stromlinien ψ'

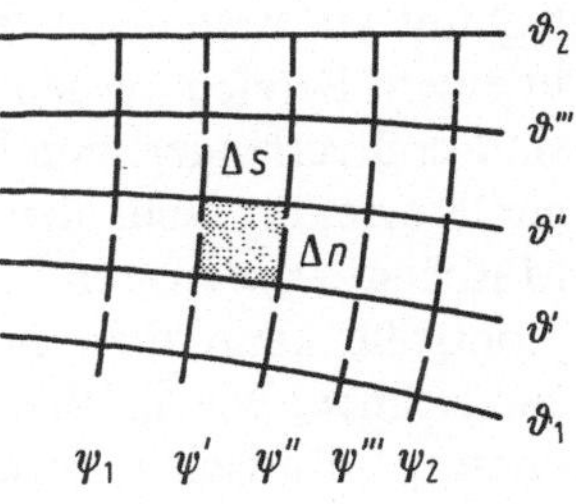

Bild 5.7. Isothermen $\vartheta = \text{const}$ und Wärmestromlinien $\psi = \text{const}$

und ψ'' von der Isotherme ϑ' zur Isotherme ϑ'' läßt sich mit Gl. (5.23) in der Form

$$\Phi' = \lambda\, l(\psi' - \psi'') = \lambda\, l\,\Delta s(\vartheta' - \vartheta'')/\Delta n \tag{5.46}$$

anschreiben mit l als Höhe senkrecht zur Zeichenebene. Wählt man die Stufung der Isothermen und der Stromlinien im ganzen Feld konstant, so ist auch das Maschenverhältnis $\Delta n/\Delta s$ überall gleich, denn aus Gl. (5.46) folgt unmittelbar die Beziehung

$$\frac{\vartheta' - \vartheta''}{\Delta n} = \frac{\psi' - \psi''}{\Delta s}, \tag{5.47}$$

die wir in differentieller Form bereits als Gl. (5.22) abgeleitet hatten. Am einfachsten wählt man für beide Feldgrößen die gleiche Stufung und erhält dann mit $\Delta n = \Delta s$ quadratische Maschen.

Aus Gl. (5.46) folgt für den Gesamtwärmestrom Φ zwischen den Wärmestromlinien ψ_1 und ψ_2 bei insgesamt i_s Wärmestrombahnen

$$\Phi = \lambda\, l(\psi_1 - \psi_2) = \lambda\, l\, i_s \frac{\Delta s}{\Delta n}(\vartheta' - \vartheta'').$$

Der gleiche Wärmestrom Φ fließt auch von der Isotherme ϑ'' zur Isotherme ϑ''' usw. Bei i_n von aufeinanderfolgenden Isothermen begrenzten Streifen zwischen ϑ_1 und ϑ_2 ergeben sich i_n solcher Ausdrücke für Φ, die nach Aufsummierung durch Wegheben der Zwischentemperaturen die Gleichung

$$i_n\Phi = i_n\lambda\, l(\psi_1 - \psi_2) = \lambda\, l\, i_s \frac{\Delta s}{\Delta n}(\vartheta_1 - \vartheta_2)$$

liefern. Für den bezogenen Formkoeffizienten S_l ergibt sich dann mit Gl. (5.25) die einfache Beziehung

$$S_l = \frac{\psi_1 - \psi_2}{\vartheta_1 - \vartheta_2} = \frac{i_s}{i_n}\frac{\Delta s}{\Delta n}. \tag{5.48}$$

Die Anwendung des Verfahrens zeigt Bild 5.8 am Beispiel einer Schiffsisolierung, die durch einen Spant zum Teil durchbrochen ist. Der Spant sei unendlich dünn und habe unendlich hohe Wärmeleitfähigkeit. Man beginnt am besten mit dem Zeichnen der Isothermen und Stromlinien in einem Bereich, in dem die Maschen noch annähernd echte Quadrate sind und verlängert von hier aus beide Netze unter ständiger gegenseitiger Korrektur über die ganze Figur. Die ursprünglich quadratischen Maschen werden im Bereich des Spants krummlinig begrenzt. Zur Kontrolle kann man in eine Masche ein Netz mit feinerer Teilung einzeichnen, wie in Bild 5.8 angedeutet. Dessen Maschen nähern sich dann quadratischer Form.

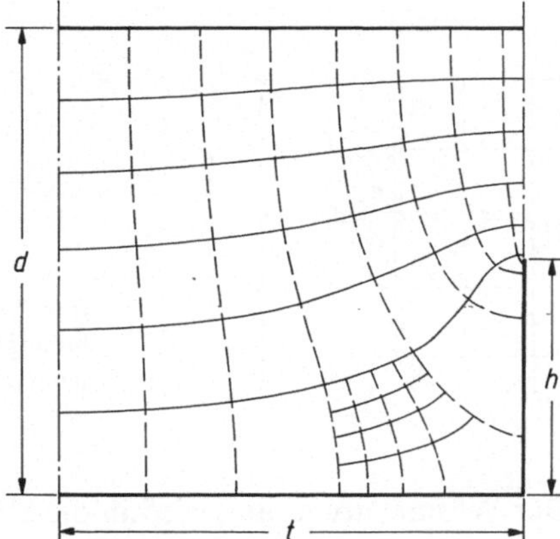

Bild 5.8. Schiffsisolierung mit Spant. Mit d als der Isolierschichtdicke, h als der Spanthöhe und t als dem halben Spantabstand ($t/d=1{,}0$; $h/d=0{,}5$)

Ausnahmen ergeben sich an singulären Punkten und zwar am Fuß- und Kopfpunkt des Spants; hier treten Maschen mit mehr als vier Eckpunkten auf d.h., daß in diesen Punkten das Orthogonalitätsprinzip nicht gilt.

Auch in der krummlinig begrenzten Masche stehen die Diagonalen senkrecht aufeinander, und bilden die Summen gegenüberliegender Seiten ein konstantes Verhältnis. Das Verfahren, zu dem man keine weiteren Hilfsmittel braucht, konvergiert immer und ist um so genauer, je feiner die Teilung gewählt wird. Es muß noch bemerkt werden, daß bei festgelegtem Seitenverhältnis (zweckmäßigerweise: $\Delta s/\Delta n=1$) höchstens einer der beiden Werte i_s und i_n ganzzahlig sein kann, da der Formkoeffizient S_l einen von der zeichnerischen Konstruktion unabhängigen festen Wert hat.

Aus Bild 5.8 erhält man nach Gl. (5.48) den bezogenen Formkoeffizienten zu

$$S_l = \frac{i_s}{i_n}\frac{\Delta s}{\Delta n} = \frac{7{,}3}{6}\cdot 1 = 1{,}22.$$

Ohne Spant war $S_l = 6/6 = 1{,}0$, so daß der Spant im betrachteten Bereich den Wärmestrom um den Faktor $1{,}22/1{,}0 = 1{,}22$ erhöht.

5.6 Relaxationsmethode

Während die im letzten Abschnitt beschriebene graphische Methode darauf hinauslief, zu einer gegebenen Zahl von Isothermen die notwendige Zahl von Wärmestromlinien und deren Form zu bestimmen, wird bei der Relaxationsmethode das Temperaturfeld an vorgegebenen Punkten numerisch ermittelt.

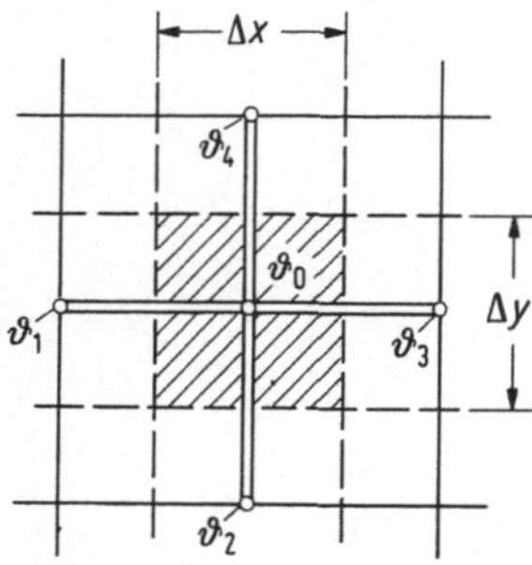

Bild 5.9. Zum Relaxationsverfahren. Aufteilen des homogenen Körpers in ein Gitter aus wärmeleitenden Stäben

Der Wärmeleitvorgang wird in die Stäbe eines Gitters der Maschenweite Δx und Δy verlegt (Bild 5.9), wobei wir der Einfachheit halber $\Delta x = \Delta y$ wählen. Der Wärmestrom vom Punkt 1 zum Punkt 0 ist dann

$$\Phi_{10} = \lambda \Delta y\, l(\vartheta_1 - \vartheta_0)/\Delta x = \lambda\, l(\vartheta_1 - \vartheta_0); \tag{5.49}$$

analog wird $\Phi_{20} = \lambda\, l(\vartheta_2 - \vartheta_0)$ usw. Die Summe aller Wärmeströme von den Punkten 1 bis 4 auf den Punkt 0 ist die Schluckfähigkeit einer Senke im Punkt 0, die im Beharrungszustand Null sein muß. Benutzt man den reduzierten Wärmestrom $q' = \Phi/(\lambda\, l)$, wenn l wie bei allen ebenen Problemen die Länge senkrecht zur Zeichenebene bedeutet, so erhält man für Punkt 0

$$q' = \vartheta_1 + \vartheta_2 + \vartheta_3 + \vartheta_4 - 4\vartheta_0. \tag{5.50}$$

Im Beharrungszustand muß mit $q' = 0$

$$\vartheta_0 = (\vartheta_1 + \vartheta_2 + \vartheta_3 + \vartheta_4)/4 \tag{5.51}$$

gelten. Das ist der Mittelwertsatz der Potentialtheorie, nach dem der Wert eines Potentials an einem Punkte gleich dem arithmetischen Mittel aus den Werten auf der Berandung um diesen Punkt ist.

Das Relaxationsverfahren besteht in folgendem: Nach zweckmäßiger Einteilung des Körpers wird unter Benutzung aller Kenntnisse eine erste Näherung der Temperatur in den einzelnen Gitterpunkten angenommen und dann punktweise geprüft, ob die Gleichung

$$\sum_1^4 \vartheta_i - 4\vartheta_0 = 0$$

erfüllt ist. Verbleibende Restglieder werden in der Reihenfolge ihrer Größe beseitigt. Dadurch neu entstehende Restglieder in den Nachbarpunkten werden ebenfalls beseitigt, bis die Zahlen im ganzen Netz zum Stehen kommen. Die Genauigkeit des Verfahrens steigt mit der Verfeinerung des Gitters.

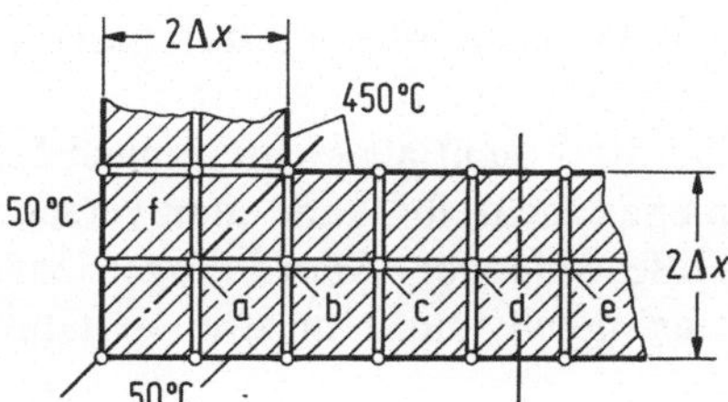

Bild 5.10. Relaxationsverfahren für eine Ofenecke mit konstanten Temperaturen der Oberflächen

Beispiel 5.5: In Bild 5.10 ist die Ecke eines Ofens mit den Außenmaßen $9\Delta x$ mal $9\Delta x$ und der Wandstärke $2\Delta x$ wiedergegeben. Gesucht sind die Temperaturen in den Gitterpunkten a bis f, wobei b und f sowie d und e symmetrisch zueinander liegen. Die Innenwand habe 450°C, die Außenwand 50°C. Tabelle 5.2 zeigt die Ergebnisse der einzelnen Schritte, wobei die Einheit Grad Celsius für q' und ϑ weggelassen ist. Im Schritt 1 wird in den Punkten a bis f der Mittelwert zwischen innen und außen $(450+50)/2 = 250$ angenommen. Das ergibt überall $q' = 0$ bis auf Punkt a mit dem Restwert $q'_a = -400$. Im Schritt 2 wird ϑ_a um $400/4 = 100$ auf 150 gesenkt. Dadurch entstehen die Restwerte $q'_b = q'_f = -100$, die im Schritt 3 durch Verringerung von ϑ_b und ϑ_f um $100/4 = 25$ auf 225 beseitigt werden. Nach 10 Schritten kommen die Zahlenwerte zur Ruhe. Der Wärmestrom von der Innenwand zu den Punkten b, c und d wird nach dem Schema von Gl. (5.49)

$$\Phi_{\mathrm{I}} = \lambda\, l(231 + 208 + 202)\,\mathrm{K} = \lambda\, l \cdot 641\ \mathrm{K}$$

und von den Punkten a, b, c und d nach außen

$$\Phi_{\mathrm{II}} = \lambda\, l(85 + 169 + 192 + 198)\,\mathrm{K} = \lambda\, l \cdot 644\ \mathrm{K}.$$

Im Mittel fließt durch alle 8 Teilflächen des Ofenmantels der Wärmestrom

$$\Phi_{\mathrm{m}} = 8 \cdot \lambda\, l \cdot 642{,}5\ \mathrm{K} = \lambda\, l \cdot 5140\ \mathrm{K}.$$

Durch die abgewickelte Innenfläche ohne Einfluß der Ecken würde der Wärmestrom

$$\Phi_{\mathrm{i}} = 4 \cdot 5\,\Delta x \cdot \lambda\, l \cdot 400\ \mathrm{K} / 2\Delta x = \lambda\, l \cdot 4000\ \mathrm{K}$$

fließen, so daß die Ecken der Ofenwand den Wärmestrom auf $\Phi_{\mathrm{m}}/\Phi_{\mathrm{i}} = 1{,}29$ erhöhen.

Tabelle 5.2. Relaxationsverfahren für eine Ofenecke nach Bild 5.10

Schritt Nr.	f		a		b		c		d		e	
	q'	ϑ	q'	ϑ	q'	ϑ	q'	ϑ	q'	ϑ	q'	ϑ
1	0	250	−400	250	0	250	0	250	0	250	0	250
2	−100	250	0	150	−100	250	0	250	0	250	0	250
3	0	225	−50	150	0	225	−25	250	0	250	0	250
4	−13	225	2	137	−13	225	−25	250	0	250	0	250
5	−19	225	2	137	−19	225	−1	244	−6	250	−6	250
6	1	220	−8	137	1	220	−6	244	−6	250	−6	250
7	−1	220	0	135	−1	220	−6	244	−6	250	−6	250
8	−3	220	0	135	−3	220	2	242	−8	250	−8	250
9	−3	220	0	135	−3	220	0	242	−2	248	−2	248
10	1	219	−2	135	1	219	−1	242	−2	248	−2	248

5.7 Experimentelle Analogieverfahren

Da die Potentialgleichung nach Laplace mehrere physikalische Phänomene beschreibt, kann man versuchen, Probleme der Wärmeleitung mit Hilfe analoger Anordnungen zu lösen, die experimentell einfacher zugänglich sind. Nur zwei Verfahren haben praktische Bedeutung.

5.7.1 Elektrolytischer Trog

Hierbei wird der stationäre elektrische Strom zwischen zwei oder mehreren Elektroden als Analogon zum Wärmestrom benutzt; die Potentialdifferenz entspricht der Temperaturdifferenz. Sind die Elektroden des Modells in (praktisch) beliebigem Maßstab den Isothermen der Wirklichkeit geometrisch ähnlich nachgebildet, ist der Formkoeffizient sofort aus Gl. (5.7) zu entnehmen. Das Verhältnis der Leitfähigkeiten von Leiter und Isolator ist beim elektrischen Strom um mehrere Zehnerpotenzen höher als beim Wärmestrom. Deshalb lassen sich im elektrischen Modell Isothermen und Adiabaten einfach und fehlerfrei verwirklichen. Als Elektrolyt wird häufig eine verdünnte wäßrige Lösung verwendet (daher der Name Trog), die zugleich in idealer Weise einen homogenen und isotropen Körper darstellt. Um Korrosionsproblemen aus dem Wege zu gehen, benutzt man auch mit Graphit beschichtete Papiere, deren elektrische Leitfähigkeit aber häufig von der Richtung abhängt, die also anisotrop sind.

5.7.2 Seifenhaut-Analogie

Nach Laplace ist der Druckunterschied Δp beiderseits einer gekrümmten flüssigen Oberfläche durch die Gleichung

$$\Delta p = \sigma \left(\frac{1}{R_1} + \frac{1}{R_2} \right) \tag{5.52}$$

gegeben, wenn σ (in diesem Abschnitt) die Oberflächenspannung und R_1 und R_2 zwei Krümmungsradien der Oberfläche in zwei beliebig orientierten, aber zueinander senkrechten Richtungen bedeuten. Für die Seifenhaut mit ihren zwei Oberflächen tritt auf der rechten Seite von Gl. (5.52) der Faktor 2 hinzu. Ist $z(x, y)$ die Auslenkung einer Oberfläche gegenüber einem Nullniveau, so ist der Krümmungsradius

$$R = \frac{(1 + z'^2)^{3/2}}{z''} \tag{5.53}$$

mit $z' = \partial z/\partial x$ oder $z' = \partial z/\partial y$, wenn die x- und die y-Richtung als die zueinander senkrechten Richtungen gewählt werden. Macht man $z' \ll 1$, also z.B. $z' \leq 1/100$, so kann man z' in Gl. (5.53) vernachlässigen und erhält

$$\frac{\Delta p}{2\sigma} = \frac{1}{R_1} + \frac{1}{R_2} = \frac{\partial^2 z}{\partial x^2} + \frac{\partial^2 z}{\partial y^2}.$$
(5.54)

Das ist eine Differentialgleichung nach Poisson, der für die ebene stationäre Wärmeleitung mit inneren Wärmequellen die Beziehung

$$\frac{W}{\lambda} = \frac{\partial^2 \vartheta}{\partial x^2} + \frac{\partial^2 \vartheta}{\partial y^2}$$
(5.55)

entspricht mit W als Leistungsdichte. Für $\Delta p = 0$ bzw. $W = 0$ erhält man die Laplace-Gleichung.

Bild 5.11 zeigt eine Anwendung des Verfahrens am Beispiel zweier exzentrischer Rohre. Die Auslenkung $z(x, y)$ der über die schneidenförmig berandeten Konturen gespannten Seifenhaut ist ein Maß für das Temperaturfeld $\vartheta(x, y)$. Die Auslenkung z läßt sich mit Taststift und Meßuhr sehr genau vermessen; sie stimmt überraschend gut mit den theoretischen Werten überein. Man kann auch die Seifenhaut als gekrümmten Spiegel benutzen, indem man etwa die Verformung eines von oben eintretenden parallelen Lichtbündels betrachtet. Damit erhält man unmittelbar die Gradienten an den Berandungen und mit Gl. (5.5) den Formkoeffizienten der Anordnung.

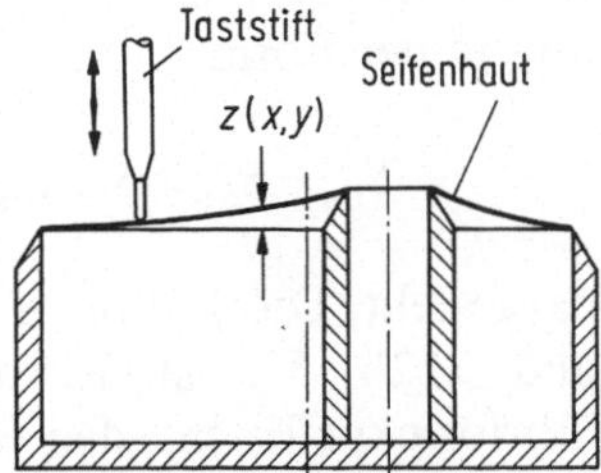

Bild 5.11. Seifenhaut-Analogie am Beispiel zweier exzentrischer Zylinder

5.8 Zusammenstellung von Formkoeffizienten

Der in Abschnitt 5.1 durch die Definitionsgleichung (5.4) eingeführte Formkoeffizient S ist in der Arbeit [5.4] für eine Reihe verallgemeinerter Plattenprobleme berechnet worden, aus der wir hier eine anwendungstechnisch besonders interessante Gruppe herausgreifen. Grundgebiet sei gemäß Bild 5.12a und 5.12b ein Streifen der Länge $2t$, der Breite d und der Dicke l senkrecht zur Zeichenebene. Im rechten Winkel zum unteren, isothermen Rand mit der Temperatur ϑ_1 sollen sehr dünne Rippen oder Spante der Höhe h im Abstand $2t$ angebracht sein, die ebenfalls die Temperatur ϑ_1 haben.

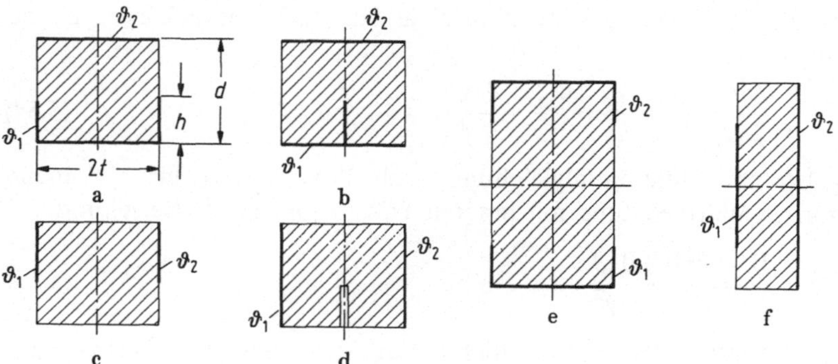

Bild 5.12 a–f. Wärmeleitung in ebenen Platten mit Rippen oder Schlitzen (dünn gezeichnete Berandungslinien sind Adiabate)

Für den Grenzfall $h=0$ liegt das einfache Plattenproblem vor, und aus den Gln. (3.7) und (5.4) folgt für den bezogenen Formkoeffizienten:

$$S_{l,\text{Platte}} = S_{\text{Platte}}/l = 2t/d. \tag{5.56}$$

Im allgemeinen Fall endlicher Rippenhöhe h liefern die beiden Varianten nach Bild 5.12a und 5.12b den gleichen Formkoeffizienten. Er wurde in [5.4] unter Verwendung elliptischer Funktionen berechnet und in der Form

$$S_{l,a} = S_{l,b} = S_{l,\text{Platte}} + 2S_{l,s} = \frac{2t}{d} + 2S_{l,s} \tag{5.57}$$

dargestellt. Die Indizes a und b beziehen sich auf die Teilbilder 5.12a und 5.12b; $S_{l,s}$ ist der durch die Rippen verursachte Zusatz- oder Störformkoeffizient, den Bild 5.13 als Funktion der Geometrieparameter $2t/d$ und h/d wiedergibt.

Für $2t/d \to \infty$ wird in [5.4] der analytische Ausdruck

$$S_{l,s,\infty} = \frac{1}{\pi} \ln\left(\frac{2}{1 - \sin\left(\frac{\pi}{2}\left(\frac{2h}{d}-1\right)\right)} \right) \tag{5.58}$$

angegeben, der, wie Bild 5.13 zeigt, bereits ab $2t/d \geq 2$ eine sehr gute Näherung für $S_{l,s}$ dargestellt.

In Abschnitt 5.3 wurde gezeigt, daß bei ebenen Potentialfeldern Strom- und Potentiallinien vertauscht werden können, wobei adiabate Berandungen in isotherme übergehen und umgekehrt. Der Formkoeffizient der vertauschten Anordnung nimmt dabei den Kehrwert dessen der

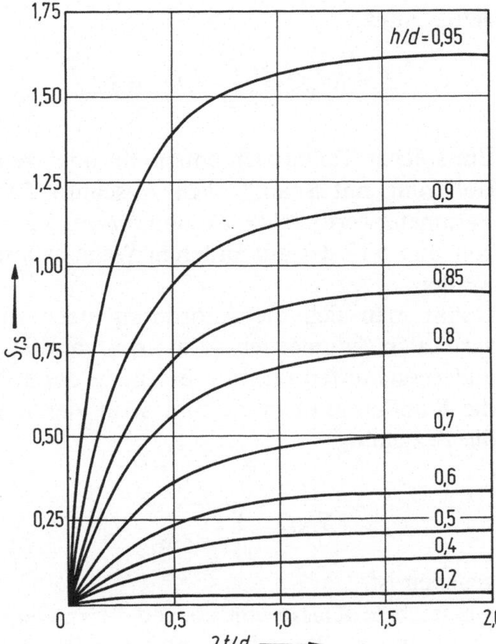

Bild 5.13. Formkoeffizient der Störung in Abhängigkeit von den Geometrieparametern $2t/d$ und h/d [5.4]

Originalanordnung an. Die Konfigurationen nach Bild 5.12c und 5.12d sind durch solche Vertauschungen aus denen nach Bild 5.12a bzw. 5.12b hervorgegangen; folglich muß für ihren Formkoeffizienten gelten

$$S_{l,c} = S_{l,d} = 1/S_{l,a} = 1/S_{l,b}. \tag{5.59}$$

Die Indizes a, b, c, d beziehen sich wieder auf die entsprechenden Teilbilder 5.12a bis 5.12d.

Nach Abschnitt 5.1 sind bei Parallelschaltung von Wärmeströmen die Formkoeffizienten, bei Hintereinanderschaltung dagegen ihre Kehrwerte zu addieren. Die Anordnung nach Bild 5.12e ist symmetrisch bezüglich einer horizontalen Achse und kann demnach als Reihenschaltung zweier gleichgroßer Anordnungen gemäß Bild 5.12a aufgefaßt werden. Für den Formkoeffizienten folgt dann mit Gl. (5.57)

$$S_{l,e} = \frac{1}{1/S_{l,a} + 1/S_{l,a}} = \frac{1}{2}\frac{2t}{d} + S_{l,s}. \tag{5.60}$$

Da die Variante Bild 5.12a selbst symmetrisch bezüglich einer vertikalen Achse ist, kann sie als Parallelschaltung zweier Streifen der Länge t angesehen werden, für deren Formkoeffizienten (ohne Index) dann gelten muß

$$S_l = S_{l,a}/2 = \frac{1}{2}\frac{2t}{d} + S_{l,s} = S_{l,e}. \tag{5.61}$$

Ein solcher Teilbereich entspricht aber genau der Anordnung „Schiffsisolierung mit Spant" nach Abschnitt 5.5. Für die dort verwendeten Parameterwerte $2t/d = 2{,}0$ und $h/d = 0{,}5$ kann mit Hilfe des Diagramms von Bild 5.13 der auf anderem Wege gefundene Wert $S_l = 1{,}22$ bestätigt werden.

Denkt man sich die Anordnung nach Bild 5.12e ebenfalls längs der vertikalen Symmetrielinie in zwei parallel geschaltete Bereiche auseinandergeschnitten und die Belegung der Ränder vertauscht, so entsteht die Konfiguration nach Bild 5.12f, deren Formkoeffizient dann durch die Beziehung

$$S_{l,f} = \frac{1}{S_{l,e}/2} = \frac{2}{\dfrac{1}{2}\dfrac{2t}{d} + S_{l,s}} \tag{5.62}$$

gegeben ist.

Als nächste Klasse von ebenen Wärmeleitproblemen wären solche mit kreisförmiger Berandung, also verallgemeinerte Zylinderprobleme, zu behandeln. Dies ist jedoch in anderem Zusammenhang bereits weitgehend in Abschnitt 5.3.1 geschehen, weshalb wir gleich zur letzten wichtigen Gruppierung übergehen, den Einzelkörpern im unendlich ausgedehnten Medium.

Betrachtet man noch einmal die einfachen Grundlösungen für Platte, Zylinder und Kugel, Gl. (3.7) bis (3.9), so ist festzustellen, daß für endliches r_i, aber $r_a \to \infty$, also für sehr weit entfernten Außenrand, nur bei der Kugel ein endlicher Wärmestrom resultiert, der durch Gl. (3.10) gegeben ist. Für den Formkoeffizienten einer sehr dicken Kugelschale (auch als Einzelkugel im unendlich ausgedehnten Medium bezeichnet) vom Innenradius $r_i = r_1 = r$, auf dem die Temperatur ϑ_1 herrscht, und dem Außenradius $r_a = r_2 \to \infty$ mit der Temperatur ϑ_2 gilt dann

$$S = 4\pi r. \tag{5.63}$$

In Tabelle 5.3 sind die Formkoeffizienten für verschiedene Anordnungen der isothermen Kugel bzw. Halbkugel und der isothermen, sehr dünnen Kreis- bzw. Halbkreisscheibe innerhalb eines unendlich ausgedehnten Mediums aufgeführt.

Eine umfangreiche Zusammenstellung von Formkoeffizienten für verallgemeinerte Platten-, Zylinder- und Einzelkörperanordnungen, der auch die nach Tabelle 5.3 entnommen wurden, findet sich in [5.5].

Tabelle 5.3. Formkoeffizienten für Kugel oder Scheibe im ausgedehnten Medium (gestrichelte Linien markieren adiabate Berandungen) [5.5]

Erläuterung der Konfigurationen (gültig für eine Kugel oder eine Scheibe)	Formkoeffizient Kugel Scheibe
Medium allseitig unbegrenzt. ϑ_2 endlich in großer Entfernung. Scheibe: $d/r \approx 0$	Kugel $S = 4\pi r$ Scheibe $S = 8r$
Medium halbseitig unbegrenzt, Randebene teilweise adiabat. ϑ_2 endlich in großer Entfernung.	Halbkugel $S = 2\pi r$ Halbscheibe $S = 4r$
Medium halbseitig unbegrenzt. ϑ_2 endlich in großer Entfernung und auf Randebene. Formeln nur gültig für $t/r \geqq 2{,}0$	Kugel $S = \dfrac{4\pi r}{1 - r/2t}$ Scheibe $S = \dfrac{4\pi r}{\dfrac{\pi}{2} - \arctan\dfrac{r}{2t}}$
Medium halbseitig unbegrenzt, Randebene adiabat. ϑ_2 endlich in großer Entfernung. Formeln nur gültig für $t/r \geqq 2{,}0$	Kugel $S = \dfrac{4\pi r}{1 + r/2t}$ Scheibe $S = \dfrac{4\pi r}{\dfrac{\pi}{2} + \arctan\dfrac{r}{2t}}$

Beispiel 5.5: Neben einer Fernwärmezentrale steht ein zylindrischer Warmwasserspeicher vom Durchmesser $D = 5$ m. Es soll der Wärmeverlust vom Behälterboden mit der Temperatur $\vartheta_1 = 50\,°C$ an das Erdreich ($\lambda = 0{,}6$ W/Km) mit der Temperatur $\vartheta_2 = 10\,°C$ in großer Entfernung vom Behälter überschlägig bestimmt werden. Unter der Annahme, daß zwischen Erdoberfläche und Atmosphäre keine Wärme ausgetauscht wird, folgt aus Tabelle 5.3:

$$\Phi = \lambda S(\vartheta_1 - \vartheta_2) = \lambda 2D(\vartheta_1 - \vartheta_2) = 240\ \text{W}.$$

6. Nichtstationäre eindimensionale Wärmeleitung

6.1 Grundlösungen der Fourier-Gleichung

In diesem Abschnitt betrachten wir einige Lösungen und Lösungsmethoden der eindimensionalen Fourier-Gleichung

$$\frac{\partial \vartheta}{\partial t} = a \frac{\partial^2 \vartheta}{\partial x^2}. \tag{6.1}$$

Das ist eine lineare, homogene, partielle Differentialgleichung zweiter Ordnung mit konstanten Koeffizienten, wenn wir die Temperaturleitfähigkeit $a = \lambda/(\rho\, c_p)$ als konstant annehmen. Aus Dimensionsbetrachtungen, die in Abschnitt 6.2 ausführlicher behandelt werden, vermuten wir, daß es eine Lösung von der Form

$$\vartheta(x, t) = \Theta \left(\frac{x}{2\sqrt{a\,t}} \right) = \Theta(\xi) \tag{6.2}$$

geben muß, in der ϑ nicht mehr einzeln von x und t, sondern nur von $\xi = x/(2\sqrt{a\,t})$ abhängt. Einsetzen von Gl. (6.2) in Gl. (6.1) ergibt die gewöhnliche Differentialgleichung

$$\Theta'' + 2\xi\, \Theta' = 0 \tag{6.3}$$

mit der allgemeinen Lösung

$$\Theta = C_1 \int\limits_0^{x/(2\sqrt{a t})} \exp(-\xi^2)\,\mathrm{d}\xi + C_2. \tag{6.4}$$

Die Funktion

$$\mathrm{erf}(z) = \frac{2}{\sqrt{\pi}} \int\limits_0^z \exp(-\xi^2)\,\mathrm{d}\xi \tag{6.5}$$

ist das Gaußsche Fehlerintegral (englisch: error function) mit den Eigenschaften

$$\mathrm{erf}(0) = 0; \quad \mathrm{erf}(\infty) = 1; \quad \mathrm{erf}(-z) = -\mathrm{erf}(z).$$

Durch Anpassen der Konstanten C_1 und C_2 erhalten wir damit durch die Gleichung

$$\vartheta = \frac{2\vartheta_c}{\sqrt{\pi}} \int\limits_0^{x/(2\sqrt{at})} \exp(-\xi^2)\,d\xi = \vartheta_c \operatorname{erf}\left(\frac{x}{2\sqrt{at}}\right) \tag{6.6}$$

eine Lösung von Gl. (6.1), die folgenden Bedingungen genügt:

für $x > 0$ und $t = 0$ ist $\vartheta = \vartheta_c$,

für $x < 0$ und $t = 0$ ist $\vartheta = -\vartheta_c$,

für $x = 0$ und $t > 0$ ist $\vartheta = 0$.

Diese Lösung wird in Abschnitt 6.3 verwendet.

Wegen der eben genannten Eigenschaften der Fourier-Gleichung (6.1) sind auch Ableitungen von Lösungen nach x oder t wieder Lösungen. Durch Differentiation von Gl. (6.4) nach x erhalten wir

$$\vartheta = \frac{C}{2\sqrt{at}}\exp(-\xi^2) \tag{6.7}$$

und nach nochmaliger Differentiation nach x

$$\vartheta = -\frac{Cx}{4(at)^{3/2}}\exp(-\xi^2). \tag{6.8}$$

Diese beiden Lösungen von Gl. (6.1) werden auch ihre Grundlösungen genannt. Die Anwendung dieser Gleichungen wird in Kapitel 7 behandelt.
Weitere für die Praxis wichtige Lösungen der Fourier-Gleichung erhält man mit dem Produktansatz von Daniel Bernoulli. Wir gehen statt von Gl. (6.1) von der Gleichung

$$\frac{\partial\vartheta}{\partial t} = a\left(\frac{\partial^2\vartheta}{\partial r^2} + \frac{n}{r}\frac{\partial\vartheta}{\partial r}\right) \tag{6.9}$$

aus, mit $n = 0$ für die Platte, $n = 1$ für den Zylinder und $n = 2$ für die Kugel. Der Produktansatz lautet

$$\vartheta = \varphi(t)\cdot\psi(r), \tag{6.10}$$

worin φ allein von t und ψ allein von r abhängen sollen. Einsetzen in Gl. (6.9) ergibt zwei gewöhnliche Differentialgleichungen

$$\frac{1}{a}\frac{\varphi'}{\varphi} = \pm q^2 = \frac{1}{\psi}\left(\psi'' + \frac{n\,\psi'}{r}\right), \tag{6.11}$$

da die separierten Differentialausdrücke, wie Gl. (6.11) zeigt, nur einer gemeinsamen Konstanten, hier $\pm q^2$, gleich sein können. Aus der Lösung der linken Gleichung,

$$\varphi = C \exp(\pm q^2 \, a \, t), \tag{6.12}$$

erkennt man, daß nur das Minuszeichen brauchbar ist, da im hier betrachteten Fall ohne innere Wärmequellen Temperaturunterschiede mit der Zeit nur abnehmen können. Für die rechte Gleichung erhält man

$$\psi = C' \cos(q\,r) \quad \text{und} \quad \psi = C'' \sin(q\,r) \quad \text{für } n = 0,$$

$$\psi = C' J_0(q\,r) \quad \text{und} \quad \psi = C'' Y_0(q\,r) \quad \text{für } n = 1,$$

$$\psi = C' \frac{\sin(q\,r)}{q\,r} \quad \text{und} \quad \psi = C'' \frac{\cos(q\,r)}{q\,r} \quad \text{für } n = 2,$$

so daß wir die Lösung von Gl. (6.9) in der Form

$$\vartheta = C \exp(-q^2 \, a t) \cdot \psi(q\,r) \tag{6.13}$$

angeben können. Die noch freien Konstanten C und q sind aus den Anfangs- und Randbedingungen zu bestimmen, J_0 und Y_0 sind die Bessel-Funktionen nullter Ordnung von erster bzw. zweiter Art. Diese Lösungen werden in Abschnitt 6.6 verwendet.

6.2 Dimensionsanalyse

Da alle Terme einer Größengleichung von gleicher Dimension sind, muß es durch entsprechende Erweiterung möglich sein, sie in dimensionsloser Form zu schreiben. Bei Differentialgleichungen und ihren Rand- und Anfangsbedingungen gilt das für die Variablen wie für die Koeffizienten. Damit hat man aber bereits die dimensionslosen Argumente der Lösung, ohne die Lösung zu kennen. Die Zahl dieser Argumente ist meist wesentlich kleiner als die Zahl der Einflußgrößen. Dieses Verfahren sei auf die Fourier-Gleichung

$$\frac{\partial \vartheta}{\partial t} = a \frac{\partial^2 \vartheta}{\partial x^2} \tag{6.14}$$

angewendet. Mit $\Theta = \vartheta/\vartheta_c$ und $\xi = x/X$ sind eine dimensionslose Temperatur Θ und eine dimensionslose Länge ξ definiert, wobei ϑ_c eine charakteristische konstante Temperatur (etwa aus der Anfangsbedingung stammend) und X eine charakteristische Länge (etwa die halbe Plattendicke) bedeuten. Da $0 \leq t < \infty$ sein kann, gibt es keine kennzeichnende Zeit, wir können aber mit $\tau = at/X^2$ eine dimensionslose Zeit definieren. Damit schreibt sich Gl. (6.14) in der Form

$$\frac{\partial \Theta}{\partial \tau} = \frac{\partial^2 \Theta}{\partial \xi^2} \qquad (6.15)$$

mit der Lösung

$$\Theta = f(\xi, \tau) \quad \text{oder} \quad \vartheta/\vartheta_c = f(x/X, at/X^2).$$

Ist keine kennzeichnende Länge X vorgegeben, so tritt x an die Stelle von X. Damit würde die Lösung

$$\vartheta/\vartheta_c = f(at/x^2)$$

lauten oder, wie in Gl. (6.6),

$$\vartheta/\vartheta_c = f(x/(2\sqrt{at})).$$

Bei der Randbedingung dritter Art gilt entsprechend Gl. (1.8) an einer Wand, bezüglich derer die Koordinate x senkrecht nach innen orientiert ist,

$$-\left(\frac{\partial \vartheta}{\partial x}\right)_w = \frac{-\vartheta_w}{\lambda/\alpha}, \qquad (6.16)$$

wenn wir die Fluidtemperatur $\vartheta_\infty = 0$ setzen. Mit den oben eingeführten dimensionslosen Variablen wird daraus die Gleichung

$$\frac{1}{\Theta_w}\left(\frac{\partial \Theta}{\partial \xi}\right)_w = \frac{\alpha X}{\lambda}. \qquad (6.17)$$

Diese Vorschrift schränkt die Zahl der möglichen Lösungsfunktionen ein, was gleichbedeutend mit dem Auftreten des Arguments $\alpha X/\lambda$ in der Lösung ist. Die Lösung lautet danach

$$\vartheta/\vartheta_c = f(x/X, at/X^2, \alpha X/\lambda)$$

und besitzt damit 3 Argumente auf der rechten Seite gegenüber 7 Einflußgrößen in der ursprünglichen Form

$$\vartheta = f(\vartheta_c, x, X, t, a, \alpha, \lambda). \qquad (6.17\,\mathrm{a})$$

Diese Reduktion um 4 entspricht der Zahl der Grundgrößen des Problems, nämlich Länge, Zeit, Temperatur, Wärmestrom (Prinzip von Buckingham).
Es ist seit langem üblich, die dimensionslosen Argumente, auch Kenngrößen oder Kennzahlen genannt, nach den Namen bedeutender Forscher zu bezeichnen. Im vorliegenden Fall ist eingeführt:

$$\text{Fourier-Zahl} \quad Fo = at/X^2 \quad \text{oder} \quad at/x^2,$$

$$\text{Biot-Zahl} \quad Bi = \alpha X/\lambda \quad \text{oder} \quad \alpha x/\lambda.$$

Damit lautet die Lösung der Fourier-Gleichung für eindimensionale Wärmeleitung mit der Randbedingung 3. Art und konstanter Anfangstemperatur nach Gl. (6.17a)

$$\vartheta/\vartheta_c = f(x/X, Fo, Bi). \tag{6.18}$$

Die Kenngrößen kann man in Rechnungen wie Zahlen behandeln. Nicht nur die genannten Kenngrößen, sondern auch beliebige Funktionen einer oder mehrerer Kenngrößen können Argumente von Lösungen sein; es muß nur die Anzahl der voneinander unabhängigen Argumente erhalten bleiben.
In diesem Abschnitt wurden verwendet

$$\text{in Gl. (6.2):} \quad \xi = \frac{x}{2\sqrt{at}} = \frac{1}{2}\sqrt{\frac{x^2}{at}} = \frac{1}{2\sqrt{Fo}}$$

$$\text{in Gl. (6.47a):} \quad \eta = \frac{\alpha\sqrt{at}}{\lambda} = \frac{\alpha x}{\lambda}\sqrt{\frac{at}{x^2}} = Bi\sqrt{Fo}$$

$$\text{in Gl. (6.47b):} \quad z = \xi + \eta$$

$$\text{in Gl. (6.85):} \quad \beta = \frac{\lambda}{\alpha}\sqrt{\frac{\pi}{at_0}} = \sqrt{\pi}\,\frac{\lambda}{ax}\sqrt{\frac{x^2}{at_0}} = \frac{\sqrt{\pi}}{Bi\sqrt{Fo}}.$$

Wenn erforderlich, kann man die zur Definition der Kenngrößen verwendeten Größen durch einen Index anzeigen, z.B.

$$Fo_X = at/X^2 \quad \text{und} \quad Fo_x = at/x^2,$$

oder

$$Bi_X = \alpha X/\lambda \quad \text{und} \quad Bi_x = \alpha x/\lambda.$$

6.3 Halbunendlicher Körper

Die in Abschnitt 6.1 abgeleitete Gl. (6.6)

$$\vartheta/\vartheta_c = \frac{2}{\sqrt{\pi}} \int\limits_0^{x/(2\sqrt{at})} \exp(-\xi^2)\,d\xi = \mathrm{erf}(\xi) \tag{6.19}$$

mit $\xi = x/(2\sqrt{at})$ beschreibt die Temperaturverteilung in einem halbunendlichen (semi-infiniten) Körper einheitlicher Temperatur ϑ_c, dessen Oberfläche zur Zeit $t = 0$ plötzlich auf $\vartheta_w = 0$ abgekühlt und auf diesem Niveau gehalten wird. Für die Abkühlungsgeschwindigkeit $-\partial\vartheta/\partial t$ erhalten wir

$$-\frac{\partial\vartheta}{\partial t} = \frac{\vartheta_c x}{2\sqrt{\pi a t^3}}\exp(-\xi^2) \tag{6.20}$$

und für die Wärmestromdichte

$$q_x = -\lambda \frac{\partial \vartheta}{\partial x} = -\frac{\lambda \vartheta_c}{\sqrt{\pi a t}} \exp(-\xi^2)$$

$$= -\frac{b \vartheta_c}{\sqrt{\pi t}} \exp(-\xi^2), \tag{6.21}$$

mit dem schon in Abschnitt 2.4 verwendeten Wärmeeindringkoeffizienten

$$b = \lambda/a^{1/2} = \sqrt{\lambda \rho c_p}.$$

An der Oberfläche ($\xi = 0$) ist

$$q_w = -b \vartheta_c/\sqrt{\pi t}.$$

Die Wärmemenge Q_{01}, die in der Zeit von $t=0$ bis $t=t_1$ durch die Oberfläche A tritt, wird

$$Q_{01} = A \int_0^{t_1} q_w \, dt = -\frac{2}{\sqrt{\pi}} A b \vartheta_c \sqrt{t_1}. \tag{6.22}$$

Die plötzliche Abkühlung der Oberfläche eines halbunendlichen Körpers auf eine konstante Temperatur ϑ_w wird etwa durch frisch gefallenen Schnee verwirklicht, der die Bedingung $\vartheta_w = 0\,°C$ erfüllt. Die in der Zeit t_1 auf der Fläche A schmelzende Schneemenge hängt wesentlich von der durch diese Fläche tretenden Wärmemenge Q_{01} ab, die nach Gl. (6.22) dem Wärmeeindringkoeffizienten b der Unterlage proportional ist. So schmilzt der Schnee am schnellsten auf metallener Unterlage, dann mit abnehmender Geschwindigkeit über massivem Gestein, porösem Boden, Holz und Grasnarbe (vgl. auch die b-Werte der Tabelle 2.6).

Hat der halbunendliche Körper die Anfangstemperatur $\vartheta = 0$ und wird die Oberfläche plötzlich auf ϑ_c gebracht, so gilt an Stelle von Gl. (6.19) die Beziehung

$$\vartheta/\vartheta_c = 1 - \mathrm{erf}(\xi) = \mathrm{erfc}(\xi) = \frac{2}{\sqrt{\pi}} \int_{x/(2\sqrt{at})}^{\infty} \exp(-\xi^2)\, d\xi. \tag{6.23}$$

Mit $\mathrm{erfc}(\xi)$ ist das komplementäre Fehlerintegral (englisch: complementary error function) bezeichnet. Es gilt $\mathrm{erfc}(0) = 1$; $\mathrm{erfc}(\infty) = 0$; $\mathrm{erfc}(-z) = 2 - \mathrm{erfc}(z)$. Die Gln. (6.20) bis (6.22) bleiben mit geändertem Vorzeichen gültig. Das Gaußsche Fehlerintegral und verwandte Funktionen sind in Tabelle G.1 des Anhangs wiedergegeben und in Bild 6.1 dargestellt.

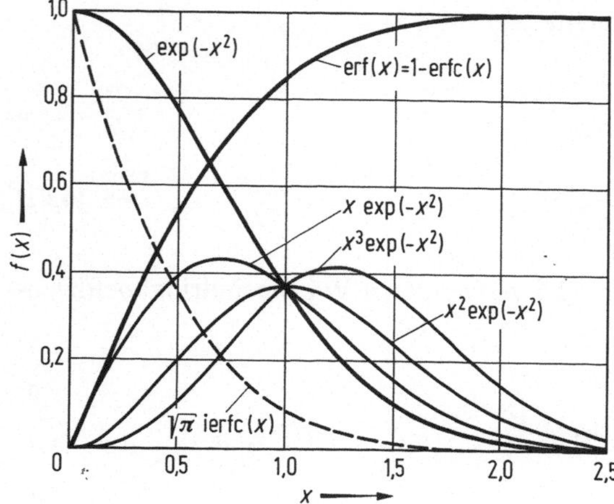

Bild 6.1. Fehlerintegral erf(x) und verwandte Funktionen, vgl. a. Gln. (7.12) bis (7.14)

Beispiel 6.1: Für den Halbwert $\vartheta/\vartheta_c = 0{,}5$ in Gl. (6.19) ist $\xi = 0{,}477$ oder $at/x^2 = 1{,}099$. Tabelle 6.1 zeigt, zu welchen Zeiten bei verschiedenen Materialien in den Tiefen $x = 1$ cm, 1 dm und 1 m die halbe Sprungtemperatur $\vartheta = 0{,}5\,\vartheta_c$ erreicht ist.

Tabelle 6.1. Halbwertzeiten beim halbunendlichen Körper

a in 10^{-6} m²/s	Kupfer 107	Eisen 16,3	Glas 0,617	Holz 0,139
Tiefe $x = 1$ cm	1,03 s	6,77 s	2,97 min	13,2 min
$x = 1$ dm	1,72 min	11,3 min	4,95 h	22,0 h
$x = 1$ m	2,87 h	18,8 h	20,6 d	91,6 d

Lösungen der Fouriergleichung

$$\frac{\partial \vartheta}{\partial t} = a \frac{\partial^2 \vartheta}{\partial x^2}$$

lassen sich auch zur Berechnung der Wärmestromdichten nutzbar machen. Differenziert man die obige Gleichung nach x und vertauscht die Reihenfolge der Differentiationen, so erhält man

$$\frac{\partial}{\partial t}\left(\frac{\partial \vartheta}{\partial x}\right) = a \frac{\partial^2}{\partial x^2}\left(\frac{\partial \vartheta}{\partial x}\right) \tag{6.24}$$

und mit $q = -\lambda\,\partial\vartheta/\partial x$

$$\frac{\partial q}{\partial t} = a \frac{\partial^2 q}{\partial x^2}. \tag{6.25}$$

Das bedeutet, daß alle Lösungen der Fourier-Gleichung für $\vartheta(x,t)$ auch für $q(x,t)$ nutzbar gemacht werden können, sofern analoge Grenz-

und Anfangsbedingungen herrschen. Wenn also auf die Oberfläche eines halbunendlichen Körpers, in dessen Innerem zur Zeit $t=0$ kein Temperaturgradient existiert $(q(x,0)=0)$, plötzlich bei $t=0$ die konstante Wärmestromdichte q_w aufgebracht wird, so berechnet sich $q(x,t)=q(\xi)$ analog zu Gl. (6.23) nach der Beziehung

$$q(\xi)=q_w\,\mathrm{erfc}(\xi). \tag{6.26}$$

Als Anfangstemperatur werde vorgegeben: $\vartheta(x,0)=0$. Den Temperaturverlauf $\vartheta(x,t)$ erhält man durch partielle Integration über $\partial\vartheta/\partial x=-q/\lambda$, wobei eine von t abhängige Integrationsfunktion $C(t)$ auftritt. Mit Gl. (6.26), sowie der Substitution

$$\xi=x/(2\sqrt{at})$$

und dem Wärmeeindringkoeffizienten

$$b=\lambda/\sqrt{a}$$

folgt dann:

$$\vartheta(x,t)=-\frac{2\sqrt{at}\,q_w}{\lambda}\int_0^{x/(2\sqrt{at})}\mathrm{erfc}(\xi)\,\mathrm{d}\xi+C(t)$$

$$=-\frac{2q_w\sqrt{t}}{b}\left[\int_0^\infty\mathrm{erfc}(\xi)\,\mathrm{d}\xi-\int_{x/(2\sqrt{at})}^\infty\mathrm{erfc}(\xi)\,\mathrm{d}\xi\right]+C(t)$$

$$=-\frac{2q_w\sqrt{t}}{b}\left[1/\sqrt{\pi}-\mathrm{ierfc}(\xi)\right]+C(t)$$

$$=\frac{2q_w\sqrt{t}}{b}\left[\frac{1}{\sqrt{\pi}}\exp(-\xi^2)-\xi\,\mathrm{erfc}(\xi)\right]. \tag{6.27}$$

In Gl. (6.27) wurde das integrierte komplementäre Fehlerintegral

$$\mathrm{ierfc}(\xi)=\int_{x/(2\sqrt{at})}^\infty\mathrm{erfc}(\xi)\,\mathrm{d}\xi=\frac{1}{\sqrt{\pi}}\exp(-\xi^2)-\xi\,\mathrm{erfc}(\xi)$$

verwendet, das in Tabelle G.1 des Anhangs und in Bild 6.1 wiedergegeben ist. Für $x=0$ folgt $\mathrm{ierfc}\,(0)=1/\sqrt{\pi}$ und die Anfangsbedingung $\vartheta(x,0)=0$ liefert

$$C(t)=2q_w\sqrt{t}/(\sqrt{\pi}\,b).$$

Für den Temperaturverlauf an der Oberfläche $(x=0)$ folgt:

$$\vartheta_w(t)=2q_w\sqrt{t}/(\sqrt{\pi}\,b). \tag{6.28}$$

Lösungen für den halbunendlichen Körper lassen sich auch für Körper endlicher Ausdehnung nutzbar machen, solange die thermische Einwirkung wesentlich auf den Oberflächenbereich beschränkt ist. Diese Lösungen sind daher brauchbare Näherungen für kleine Zeiten.

6.4 Zwei halbunendliche Körper in thermischem Kontakt

Wird in der Trennfläche A zweier halbunendlicher Körper gleicher Anfangstemperatur, aber verschiedener Materialien mit den Wärmeeindringkoeffizienten b_1 und b_2 plötzlich der Wärmestrom Φ freigesetzt, so gilt Gl. (6.28) für beide Bereiche. Da die Trennfläche keine Wärme speichern kann und eine einheitliche Temperatur $\vartheta_w(t)$ haben muß, gilt

$$\Phi/A = q_1 + q_2$$

und nach Gl. (6.28)

$$\vartheta_w(t) = \frac{2}{\sqrt{\pi}} \frac{q_1}{b_1} \sqrt{t} = \frac{2}{\sqrt{\pi}} \frac{q_2}{b_2} \sqrt{t},$$

wenn q_1 und q_2 die zeitlich unabhängigen Wärmestromdichten für die beiden Bereiche bedeuten. Daraus folgen die Beziehungen

$$\frac{q_1}{q_2} = \frac{b_1}{b_2} \quad \text{oder} \quad \frac{q_1}{\Phi/A} = \frac{b_1}{b_1 + b_2} \quad \text{und}$$

$$\vartheta_w(t) = \frac{2\Phi/A}{b_1 + b_2} \left(\frac{t}{\pi}\right)^{1/2} \tag{6.29}$$

Beispiel 6.2: Die Abkühlung des Bodens durch Strahlung in einer klaren windstillen Nacht kann man näherungsweise durch Gl. (6.29) beschreiben. Nimmt man für Φ/A als Differenz aus Abstrahlung und Gegenstrahlung der Atmosphäre den plausiblen Wert $\Phi/A = -150\,\text{W/m}^2$ an und setzt $b_1 + b_2 = 1500\,\text{W s}^{1/2}/\text{Km}^2$, wobei b_2 für Luft fast zu vernachlässigen ist, so ergibt sich für $t = 5\text{h} = 18000\,\text{s}$ eine Temperaturänderung des Bodens von $\vartheta_w \approx -15\,\text{K}$. Reifbildung in einer Spätsommernacht läßt sich also durch diese grobe Überschlagsrechnung plausibel machen.

Im folgenden betrachten wir zwei Körper mit verschiedenen, aber einheitlichen Anfangstemperaturen ϑ_1 und ϑ_2 und den Stoffwerten λ_1, a_1 und λ_2, a_2, die zur Zeit $t = 0$ in thermischen Kontakt gebracht werden (Bild 6.2). Dann stellt sich an der Trennfläche nach sehr kurzer Zeit eine gemeinsame Mitteltemperatur ϑ_m ein. Da außerdem die Trennfläche keine Wärme speichern kann, muß für $t > 0$ gelten

$$(\vartheta_m)_{-0} = (\vartheta_m)_{+0} \quad \text{und} \quad \lambda_1 \left(\frac{\partial \vartheta}{\partial x}\right)_{-0} = \lambda_2 \left(\frac{\partial \vartheta}{\partial x}\right)_{+0}.$$

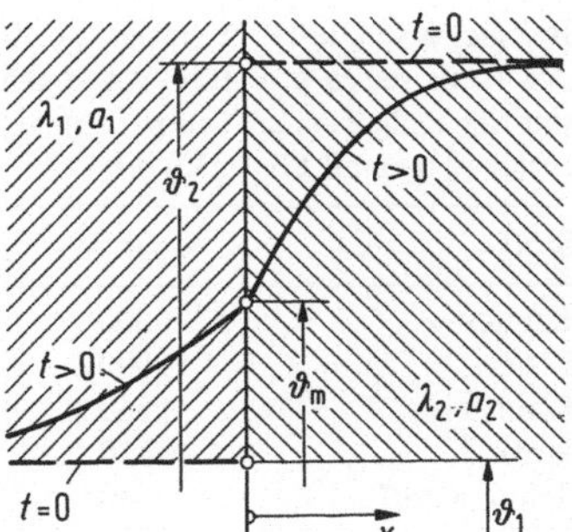

Bild 6.2. Kontakttemperatur ϑ_m zwischen zwei halbunendlichen Körpern

Zur Berechnung von ϑ_m nehmen wir vorläufig an, ϑ_m sei von t unabhängig. Gelingt uns damit die Lösung des Gleichungssystems, so ist diese Annahme nachträglich gerechtfertigt. Nach den obigen Bedingungen für die Trennfläche muß mit den Gln. (6.19) und (6.23) gelten:

$$\text{für } x>0:\ \vartheta(x,t)=(\vartheta_2-\vartheta_m)\operatorname{erf}(\xi_2)+\vartheta_m$$

$$\text{für } x<0:\ \vartheta(x,t)=(\vartheta_m-\vartheta_1)\operatorname{erfc}(-\xi_1)+\vartheta_1$$

$$\text{für } x>0:\ \frac{\partial\vartheta}{\partial x}=\frac{(\vartheta_2-\vartheta_m)\exp(-\xi_2^2)}{(\pi a_2 t)^{1/2}}$$

$$\text{für } x<0:\ \frac{\partial\vartheta}{\partial x}=\frac{(\vartheta_m-\vartheta_1)\exp(-\xi_1^2)}{(\pi a_1 t)^{1/2}}$$

mit

$$\xi_1=x/(2\sqrt{a_1 t})\quad\text{und}\quad \xi_2=x/(2\sqrt{a_2 t}).$$

Für die Trennfläche ($x=0$) erhalten wir

$$\frac{\lambda_1(\vartheta_m-\vartheta_1)}{a_1^{1/2}}=\frac{\lambda_2(\vartheta_2-\vartheta_m)}{a_2^{1/2}},$$

oder mit

$$b_1=\lambda_1/a_1^{1/2}\quad\text{und}\quad b_2=\lambda_2/a_2^{1/2}:$$

$$\frac{\vartheta_m-\vartheta_1}{\vartheta_2-\vartheta_m}=\frac{b_2}{b_1}\quad\text{oder}\quad \frac{\vartheta_m-\vartheta_1}{\vartheta_2-\vartheta_1}=\frac{b_2}{b_1+b_2} \tag{6.30}$$

Das bedeutet in Worten: Die von der Zeit unabhängige Kontakttemperatur ϑ_m liegt näher der Temperatur des Körpers mit dem größeren b-Wert. Das kann man zur Messung von b und damit von λ ausnutzen, indem man die Kontakttemperatur ϑ_m bei Berührung mit einem Körper mit bekanntem b-Wert mißt. Gleichung (6.30) erklärt auch, warum sich gleichtemperierte Körper verschieden „warm" oder „kalt" anfühlen.

Beispiel 6.3: Die Hauttemperatur der Hand sei $\vartheta_1 = 30\,°C$, der Wärmeeindringkoeffizient der Haut sei zu $b_1 = 1000\ Ws^{1/2}/Km^2$ geschätzt. Bei der Berührung verschiedener Stoffe mit der einheitlichen Temperatur $\vartheta_2 = 100\,°C$ stellen sich dann folgende Kontakttemperaturen ϑ_m gemäß Gl. (6.30) ein:

Stoff	b_2 in $Ws^{1/2}/Km^2$	ϑ_m in °C
Kupfer	36000	98
Eisen	15000	96
Sandstein	1860	77
Holz	370	49
Schaumstoff	40	33

Bei dieser Betrachtung wurde die Temperaturregulierung des menschlichen Körpers nicht berücksichtigt. – Aus gutem Grund sind in einer Sauna die Sitzbänke aus Holz ohne Metallteile.

6.5 Theorem von Duhamel

Die in früheren Abschnitten abgeleiteten Lösungen der Fourier-Gleichung bezogen sich auf eine einmalige sprunghafte Änderung der Randbedingung. Mit Hilfe einer von Duhamel (1833) angegebenen Methode lassen sich diese Lösungen verhältnismäßig einfach auf den Fall zeitabhängiger Randbedingungen erweitern. Dieses Prinzip sei an Hand von Bild 6.3 erläutert.

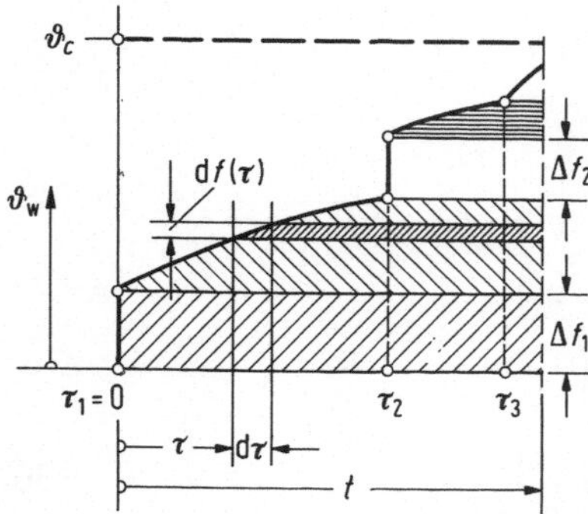

Bild 6.3.
Zur Ableitung des Theorems von Duhamel

Die gestrichelt gezeichnete Kurve bezieht sich auf den schon behandelten Fall, daß die Wandtemperatur ϑ_w zur Zeit $t = 0$ vom Wert Null auf den für $t > 0$ konstanten Wert ϑ_c springt. Speziell für den halbunendlichen Körper mit der Anfangstemperatur $\vartheta(x, 0) = 0$ folgte aus Gl. (6.23) für das auf ϑ_c bezogene Temperaturfeld

$$\vartheta(x, t)/\vartheta_c = \mathrm{erfc}(\xi) \quad \text{mit} \quad \xi = x/(2\sqrt{a\,t}).$$

Die bezogene Wandtemperatur ϑ_w/ϑ_c d.h. ϑ/ϑ_c an der Stelle $x=0$ hat dann für $t>0$ den Wert Eins und man sagt anschaulich: „die Funktion $\vartheta(x,t)/\vartheta_c$ ist die Antwort eines zur Zeit $t=0$ gleichtemperierten Systems — hier speziell des halbunendlichen Körpers mit $\vartheta(x,0)=0$ — auf die Erregung durch einen Einheitssprung zur Zeit $t=0$." Diese somit eindeutig charakterisierte Sprungantwort wird im weiteren mit $F(x,t)$ bezeichnet.

Die ausgezogene Kurve in Bild 6.3 soll einen weitgehend beliebigen Verlauf der Wandtemperatur $\vartheta_w(t)$ veranschaulichen; insbesondere kommen im Zeitintervall $0\leq\tau\leq t$ Sprung- oder Unstetigkeitsstellen bei $\tau=\tau_1$ und $\tau=\tau_2$ und ein Knick bei $\tau=\tau_3$ vor. Zur Zeit $t=0$ befinde sich das System ebenfalls einheitlich auf der Temperatur $\vartheta=0$. Zur Vereinfachung setzen wir: $\vartheta_w(\tau)=f(\tau)$ und an Sprungstellen: $\Delta\vartheta_w(\tau_i)=\Delta f_i$.

Der Grundgedanke des Duhamel-Theorems fußt auf dem Superpositionsprinzip, welches besagt, daß Teillösungen linearer gewöhnlicher oder partieller Differentialgleichungen addiert werden können. In diesem Sinne läßt sich der von n Sprungstellen des Wandtemperaturverlaufs im Bereich $0\leq\tau\leq t$ herrührende Lösungsanteil $\vartheta(x,t)_{\text{Sprung}}$ unmittelbar formulieren:

$$\vartheta(x,t)_{\text{Sprung}}=\sum_{i=1}^{n}(\Delta f_i\cdot F(x,t-\tau_i)). \tag{6.31}$$

Gleichung (6.31) und alle weiteren Formeln dieses Abschnitts bleiben auch für $t\leq\tau_n$ richtig, wenn jede Sprungantwort $F(x,t-\tau_i)$ im Bereich $t-\tau_i\leq0$ gleich Null gesetzt wird.

Die Sprunghöhen Δf_i gewichten die auf Eins normierten Sprungantworten, deren zeitlicher Einsatz jedoch nicht mehr zur Zeit $\tau=0$, sondern erst zu den entsprechenden Zeitpunkten $\tau=\tau_i$ erfolgen muß, so daß die Einwirkzeit durch $t-\tau_i$ gegeben ist. In Bereichen stetiger Änderung der Wandtemperatur erhält man analog einen zunächst differentiellen Lösungsanteil

$$\mathrm{d}\vartheta(x,\tau)=\mathrm{d}f(\tau)\cdot F(x,t-\tau).$$

Nach formaler Erweiterung mit $\mathrm{d}\tau$ und Integration über ein Intervall $\tau_i\leq\tau\leq\tau_{i+1}$, das entweder von Sprung- oder Knickstellen oder den Stellen $\tau=0$ bzw. $\tau=t$ begrenzt wird, folgt

$$\vartheta(x,t)\big|_i^{i+1}=\int_{\tau_i}^{\tau_{i+1}}\frac{\mathrm{d}f(\tau)}{\mathrm{d}\tau}F(x,t-\tau)\,\mathrm{d}\tau.$$

Die Summe aller Integrale über insgesamt m solcher Bereiche, in denen der Differentialquotient $\mathrm{d}f(\tau)/\mathrm{d}\tau$ stetig und von Null verschieden ist, ergibt mit der Summe der Lösungsanteile aus insgesamt n Sprungstellen nach Gl. (6.31) die Gesamtlösung für den Zeitpunkt t:

$$\vartheta(x,t) = \sum_{i=1}^{n} (\Delta f_i \cdot F(x, t-\tau_i))$$

$$+ \sum_{i=1}^{m} \left(\int_{\tau_i}^{\tau_{i+1}} \frac{\mathrm{d}f(\tau)}{\mathrm{d}\tau} F(x, t-\tau)\, \mathrm{d}\tau \right). \tag{6.32}$$

Knickstellen liefern also keinen Beitrag zur Lösung; sie sind nur Trennstellen von zwei der m stetigen Bereiche.

Bild 6.3 zeigt durch Schraffur an, wie der Einfluß der veränderlichen Wandtemperatur in Form eines nach rechts verschobenen Schichtenstapels nach und nach auf das System einwirkt. Aus dieser Sicht wurde Gl. (6.32) gewonnen, die im Rahmen unserer Voraussetzungen als eine der Formen des Theorems von Duhamel bekannt ist, welches sich auch auf andere (lineare!) Randbedingungen anwenden läßt.

Wird die Wandtemperatur eines halbunendlichen Körpers mit der Anfangstemperatur $\vartheta(x,0)=0$ nach folgendem Zeitgesetz verändert:

$$\vartheta_\mathrm{w} = \vartheta_1 \ \text{für} \ 0 < t < \tau^* \quad \text{und} \quad \vartheta_\mathrm{w} = \vartheta_2 \ \text{für} \ t > \tau^*,$$

so folgt aus den Gln. (6.23) und (6.32) (bzw. (6.31), da nur 2 Sprungstellen auftreten):

$$\vartheta(x,t) = \vartheta_1\, \mathrm{erfc}(x/(2\sqrt{at})$$

$$+ (\vartheta_2 - \vartheta_1)\, \mathrm{erfc}(x/(2\sqrt{a}\sqrt{t-\tau^*})). \tag{6.33}$$

Wird der Wand zur Zeit $\tau = \tau^*$ die Temperatur $\vartheta_2 = 0$ aufgeprägt, so lautet die Lösung:

$$\vartheta(x,t) = \vartheta_1 \left[\mathrm{erfc}\left(\frac{x}{2\sqrt{at}}\right) - \mathrm{erfc}\left(\frac{x}{2\sqrt{a(t-\tau^*)}}\right) \right]. \tag{6.34}$$

Beispiel 6.4: Die dicke Wand eines Industrieofens ($a = 10^{-6}\,\mathrm{m^2/s}$) werde plötzlich beheizt, so daß ihre Oberflächentemperatur zur Zeit $t=0$ auf ϑ_w ansteigt. Die ursprüngliche Temperatur sei gleich Null gesetzt. Nach $\tau^* = 118$ min werde die Oberflächentemperatur wieder auf Null gebracht. Gesucht ist die Temperaturverteilung zur Zeit $t = 120$ min. Wir bilden die Ausdrücke

$$\xi = \frac{x}{2\sqrt{at}} = \frac{x/\mathrm{m}}{2\sqrt{10^{-6} \cdot 2 \cdot 3600}} = 5{,}89\, x/\mathrm{m},$$

$$\xi^* = \frac{x}{2\sqrt{a(t-\tau^*)}} = \frac{x/\mathrm{m}}{2\sqrt{10^{-6} \cdot 120}} = 45{,}64\, x/\mathrm{m}.$$

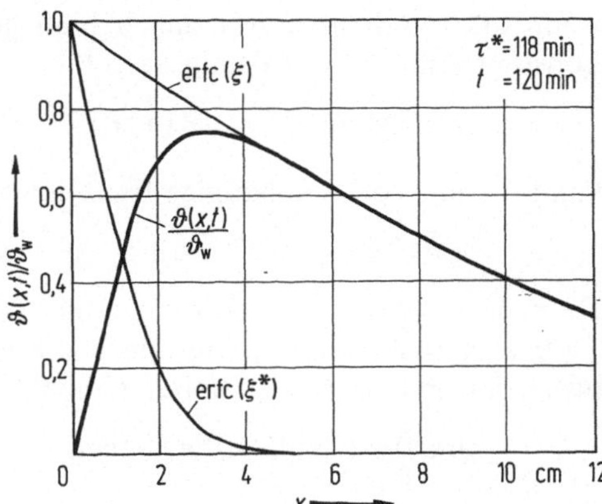

Bild 6.4. Beheizte Ofenwand mit plötzlicher Abkühlung

Die gesuchte Verteilung $\vartheta(x, t)/\vartheta_w$ ist dann entsprechend Gl. (6.34), wie Bild 6.4 zeigt,

$$\vartheta(x, t)/\vartheta_w = \mathrm{erfc}(\xi) - \mathrm{erfc}(\xi^*).$$

Die beiden Kurven gehen auseinander hervor durch Zusammenschieben der Abszissenwerte um den Faktor

$$\sqrt{t/(t - \tau^*)} = \sqrt{60} = 7{,}74 = 45{,}64/5{,}89.$$

6.6 Temperaturausgleich in einfachen Körpern

In diesem Abschnitt werden die Temperaturfelder in den sogenannten einfachen Körpern, der ebenen Platte, dem Zylinder und der Kugel berechnet, wenn diese sich bei $t = 0$ auf einheitlicher Temperatur befinden und für $t > 0$ durch Wärmeübertragung an ein die Körper umgebendes Fluid mit der Temperatur $\vartheta_\infty = 0$ gemäß der Randbedingung dritter Art abgekühlt oder erwärmt werden. Hierfür läßt sich der Produktansatz von Bernoulli erfolgreich verwenden, der in Abschnitt 6.1 auf Gl. (6.13) führte. Im folgenden wird die ebene Platte genauer behandelt.

Wird die Plattendicke mit $2X$ bezeichnet und die Längenkoordinate x von der Mittellinie aus gezählt, so gilt

$$\vartheta = \vartheta_c \quad \text{für} \quad -X < x < X \quad \text{und} \quad t = 0,$$

$$\frac{\partial \vartheta}{\partial x} = -\frac{\alpha}{\lambda} \vartheta \quad \text{für} \quad x = X \quad \text{und} \quad t > 0,$$

$$\frac{\partial \vartheta}{\partial x} = \frac{\alpha}{\lambda} \vartheta \quad \text{für} \quad x = -X \quad \text{und} \quad t > 0,$$

wenn die Fluidtemperatur gleich Null gesetzt wird. a und α/λ sollen konstant sein. In der Lösung nach Gl. (6.13)

$$\vartheta = C \exp(-q^2\,a\,t)\cdot\psi(q\,x)$$

kann die nur von x abhängige Funktion ψ lauten

$$\psi = C'\cos q x + C''\sin q x.$$

Da nach unseren Voraussetzungen das Temperaturfeld symmetrisch zu $x=0$ sein muß, kommt nur die cos-Funktion in Frage, so daß wir bisher folgende Lösung erhalten haben (wobei $CC'=C$ gesetzt wurde)

$$\vartheta(x,t) = C \exp(-q^2\,a\,t)\cdot\cos q x \tag{6.35}$$

Die noch freien Konstanten C und q dienen zur Befriedigung der Anfangs- und Randbedingungen. Aus den Randbedingungen für $x=\pm X$ erhält man über Gl. (6.35)

$$\frac{\partial\vartheta}{\partial x} = C\exp(-q^2\,a\,t)\cdot(\mp q \sin q X) \qquad\qquad \text{für}\ \ x=\pm X,$$

$$\frac{\partial\vartheta}{\partial x} = -\frac{\alpha}{\lambda}\vartheta = -\frac{\alpha}{\lambda}C\exp(-q^2\,at)\cdot\cos q X \qquad\qquad \text{für}\ \ x=+X,$$

$$\frac{\partial\vartheta}{\partial x} = \frac{\alpha}{\lambda}\vartheta = \frac{\alpha}{\lambda}C\exp(-q^2\,at)\cdot\cos q X \qquad\qquad \text{für}\ \ x=-X.$$

Das ergibt für die Konstante q die transzendente Gleichung

$$\frac{\alpha}{\lambda}\cos q X = q \sin q X$$

oder mit der neuen Konstanten $\delta = q X$ und der Biot-Zahl $Bi = \alpha X/\lambda$ aus Abschnitt 6.2:

$$\cot\delta = \delta/Bi \quad\text{oder}\quad \delta\tan\delta = Bi. \tag{6.36}$$

Da die cot-Funktion periodisch ist, erhält man nach Bild 6.5 aus den Schnittpunkten von $\cot\delta$ mit der Geraden δ/Bi eine unendliche Zahl von δ-Werten $\delta_1,\ \delta_2,\ ...,\delta_k$ mit folgenden Grenzwerten:
Für $Bi=\infty$ (Randbedingung 1. Art) wird $\delta_1=\pi/2$, $\delta_2=3\pi/2$, $\delta_3=5\pi/2,...,\delta_k=(k-1/2)\pi$; für $Bi=0$ (adiabate Wand) wird $\delta_1=0$, $\delta_2=\pi$, $\delta_3=2\pi,...,\delta_k=(k-1)\pi$. Nur für die δ-Werte nach Gl. (6.36), die auch die Eigenwerte des Problems genannt werden und die nur von Bi abhängen, wird die Fourier-Gleichung mit ihren Randbedingungen erfüllt. Die Lösung muß daher als Summe über die Teillösungen angeschrieben werden in der Form

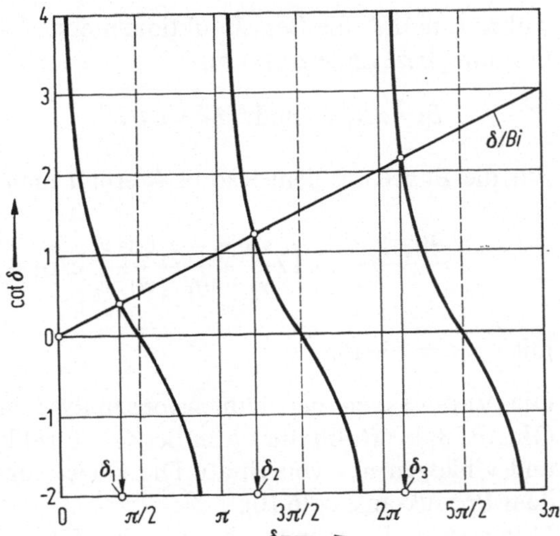

Bild 6.5. Zur Bestimmung der Eigenwerte δ_k für die ebene Platte

$$\vartheta(x,t)=\sum_{k=1}^{\infty}\left(C_k\exp(-\delta_k^2\,Fo)\cdot\cos(\delta_k\,x/X)\right) \tag{6.37}$$

mit der Fourier-Zahl $Fo=a\,t/X^2$.

Bei der Erfüllung der Anfangsbedingung $\vartheta=\vartheta_c$ für $-X<x<X$ handelt es sich um die Entwicklung einer gegebenen Funktion in trigonometrischen Reihen, die nach ihrem Entdecker Fourier-Reihen genannt werden, hier noch mit der Besonderheit, daß die Koeffizienten δ_k die transzendente Gl. (6.36) erfüllen müssen. Das Ergebnis, dessen Ableitung hier übergangen wird, lautet für die ebene **Platte**

$$\frac{\vartheta(x,t)}{\vartheta_c}=\sum_{k=1}^{\infty}\left(\frac{2\sin\delta_k}{\delta_k+\sin\delta_k\cos\delta_k}\exp(-\delta_k^2\,Fo)\cdot\cos(\delta_k\,x/X)\right) \tag{6.38}$$

mit $\delta\tan\delta=Bi$ und $Bi=\alpha X/\lambda$, wenn X die halbe Plattendicke ist, und mit $Fo=a\,t/X^2$. Die Koordinate x wird von der Mittellinie aus gezählt.

Für den **Zylinder** mit der radialen Koordinate r und dem Radius R erhält man

$$\frac{\vartheta(r,t)}{\vartheta_c}=\sum_{k=1}^{\infty}\left(\frac{2J_1(\mu_k)}{\mu_k[J_0^2(\mu_k)+J_1^2(\mu_k)]}\exp(-\mu_k^2\,Fo)\cdot J_0(\mu_k\,r/R)\right) \tag{6.39}$$

mit

$$\mu J_1(\mu)=J_0(\mu)\cdot Bi,$$

wobei J_0 und J_1 die Besselfunktionen erster Art der nullten bzw. ersten Ordnung bezeichnen, und mit

$$Bi = \alpha R/\lambda \quad \text{und} \quad Fo = at/R^2.$$

Für die **Kugel** mit dem Radius R erhält man

$$\frac{\vartheta(r,t)}{\vartheta_c} = \sum_{k=1}^{\infty} \left(2 \frac{\sin v_k - v_k \cos v_k}{v_k - \sin v_k \cos v_k} \exp(- v_k^2 \, Fo) \cdot \frac{\sin(v_k r/R)}{v_k r/R} \right) \quad (6.40)$$

mit $v \cot v = 1 - Bi$.

Die Voraussagen der Dimensionsanalyse haben sich erfüllt, da die Gln. (6.38) bis (6.40) die Form der Gl. (6.18) haben; die Eigenwerte δ, μ und v hängen nur von Bi ab. Die Gleichungen entsprechen außerdem dem Produktansatz (6.10).
Numerische Berechnungen aus den Gln. (6.38) bis (6.40) und der zugehörigen Eigenwerte δ, μ und v als Funktion der Biot-Zahl liegen vor [6.1, 6.2]. Für praktische Anwendungen interessieren besonders die Temperaturen in der Mitte, ϑ_m/ϑ_c für $x = 0$ oder $r = 0$ und die Temperaturen der Wand ϑ_w/ϑ_c für $x = X$ bzw. $r = R$. Man kann auch die in einer bestimmten Zeit t zu- oder abgeführten Wärmemengen Q berechnen, die zweckmäßig auf die Gesamtenthalpie Q_c der Körper bezogen werden. Die Temperatur des umgebenden Fluids nach ihrer sprunghaften Änderung ist Null gesetzt. Alle Temperaturen ϑ, ϑ_m, ϑ_w und ϑ_c zählen als Über- oder Untertemperaturen von dieser Nullinie. Für $t \to \infty$ nimmt der Körper die Temperatur Null des umgebenden Fluids an.
Bild 6.6 zeigt die Temperaturen in der Mitte einiger Körper für $Bi = \infty$ (Randbedingung 1. Art). Die Kugel kühlt sich am schnellsten, die Platte am langsamsten ab. Einige weitere Anordnungen sind zum Vergleich eingetragen.
Gleichung (6.38) enthält auch die Lösung für die einseitig adiabate Platte, da in der Mitte (bei $x = 0$) immer $\partial \vartheta / \partial x = 0$ sein muß. In diesem Falle ist X die ganze Plattendicke.

Beispiel 6.5: Eine feuerhemmende Wand soll bei plötzlicher Temperaturerhöhung um 700 K auf der Feuerseite während einer bestimmten Zeit eine Temperaturerhöhung um mehr als 140 K auf der „kalten" Seite verhindern (Bild 6.7).
Gefragt ist nach der notwendigen Wanddicke X, um diese Bedingungen während 3 Stunden, 6 Stunden und 12 Stunden einhalten zu können. Hier liegt der Fall der Aufheizung vor, den wir jedoch ohne Schwierigkeit mit den für Abkühlung auf $\vartheta_\infty = 0$ gewonnenen Formeln behandeln können. Dazu müssen die Übertemperaturen ϑ_c und ϑ_m nur, wie in Bild 6.7 dargestellt, vom Niveau der Fluidtemperatur aus „nach unten" orientiert werden. Betrachten wir die kalte Seite als adiabat, was eine verschärfende

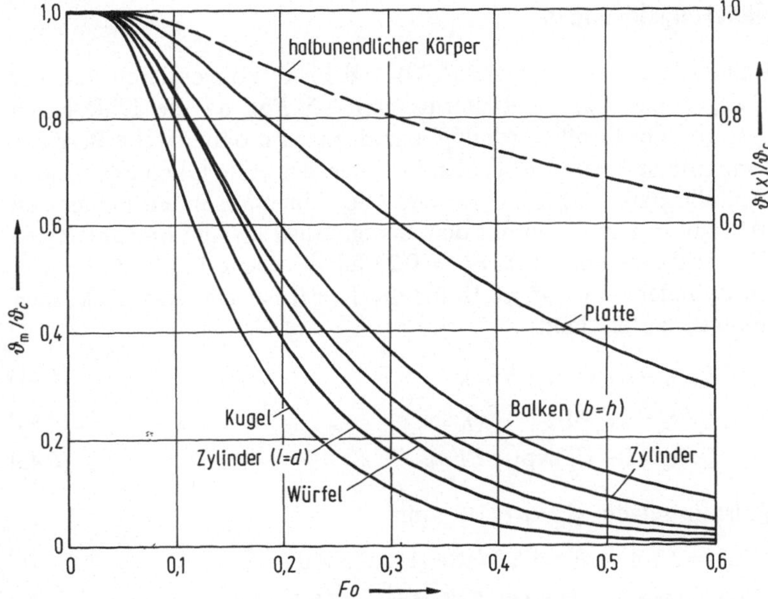

Bild 6.6. Temperaturverlauf in der Mitte einiger Körper und im Inneren des halbunendlichen Körpers für $Bi \to \infty$ (konstante Wandtemperatur)

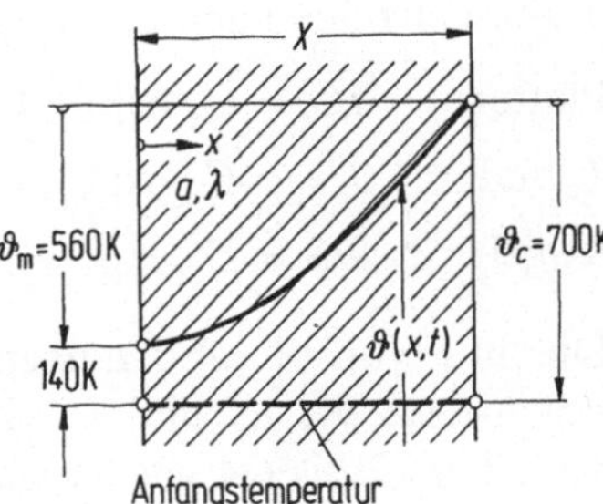

Bild 6.7.
Feuerhemmende Wand mit adiabater Außenseite

Bedingung bedeutet, so können wir Gl. (6.38) für $x=0$ mit $Bi=\infty$ anwenden. Für $\vartheta_m/\vartheta_c = 560/700 = 0,8$ erhalten wir aus Bild 6.6 für die Platte

$$Fo = at/X^2 = 0,185$$

mit X als Wanddicke. Mit $a = 0,5 \cdot 10^{-6}$ m²/s (keramischer Baustoff) wird

$$X = \sqrt{at/Fo} = 17\,\text{cm} \quad \text{für } t = 3\,\text{h};$$

$$X = 24\,\text{cm für } t = 6\,\text{h};$$

$$X = 34\,\text{cm für } t = 12\,\text{h}.$$

6.7 Näherungslösungen

Die Reihen in den Gln. (6.38), (6.39) und (6.40) konvergieren gut, vor allem wegen des Exponentialterms $\exp(-\delta_k^2 Fo)$, da die Differenzen $\delta_{k+1} - \delta_k$ von der Größenordnung π sind. Es wird daher weite Bereiche der Kenngrößen Fo und Bi geben, in denen das erste Glied der Reihen genügt. Läßt man in ϑ_m/ϑ_c, ϑ_w/ϑ_c und Q/Q_c einen absoluten Fehler von etwa 0,01 zu, so kann man mit dem ersten Glied für alle Bi-Zahlen und $Fo > Fo^*$ auskommen, wobei $Fo^* = 0,24$ für die ebene Platte, $Fo^* = 0,21$ für den Zylinder und $Fo^* = 0,18$ für die Kugel ist. Die entsprechenden Gleichungen lauten dann:

$$\vartheta_m/\vartheta_c = C_m \exp(-EFo), \tag{6.41}$$

$$\vartheta_w/\vartheta_c = C_w \exp(-EFo), \tag{6.42}$$

$$Q/Q_c = 1 - C_q \exp(-EFo). \tag{6.43}$$

Für Q_c ist zu setzen: $Q_c = \rho\, c_p V \vartheta_c$, mit

$\quad V = 2XA \quad$ für die Platte (Fläche A),

$\quad V = R^2 \pi h \quad$ für den Zylinder der Höhe h und

$\quad V = 4\pi R^3/3 \quad$ für die Kugel.

Die Temperaturen für irgend einen Wert x/X bzw. r/R berechnen sich in diesem Falle nach den folgenden Gleichungen:

Platte: $\quad \vartheta/\vartheta_c = C_m \exp(-EFo) \cdot \cos(\delta_1 x/X)$ $\qquad$ (6.44)

Zylinder: $\quad \vartheta/\vartheta_c = C_m \exp(-EFo) \cdot J_0(\mu_1 r/R)$ $\qquad$ (6.45)

Kugel: $\quad \vartheta/\vartheta_c = C_m \exp(-EFo) \cdot \sin(v_1 r/R)/(v_1 r/R)$ $\qquad$ (6.46)

Die nur von Bi abhängigen Werte C_m, C_w, C_q, E und die ersten Eigenwerte δ_1, μ_1 und v_1 sind für die drei einfachen Körper in den Tabellen 6.2 bis 6.4 wiedergegeben.

Für kleine Zeiten, d.h. für kleine Fo-Zahlen, konvergieren die Reihen schlecht. Es empfehlen sich in diesem Bereich besondere Entwicklungen für kleine Fo-Zahlen [6.2]. Häufig kann man die Lösung für den halbunendlichen Körper nach Gl. (6.19) und folgende heranziehen.

Liegt der allgemeinere Fall vor, daß sich ein halbunendlicher Körper nach der Gesetzmäßigkeit der Randbedingung dritter Art abkühlt, so lautet die Beziehung für das Temperaturfeld

$$\frac{\vartheta}{\vartheta_c} = \operatorname{erf}\left(\frac{1}{2\sqrt{Fo}}\right) + \exp(Fo\,Bi^2 + Bi)\operatorname{erfc}\left(\frac{1}{2\sqrt{Fo}} + \sqrt{Fo}\,Bi\right) \tag{6.47}$$

In den Kennzahlen $Fo = a\,t/x^2$ und $Bi = \alpha x/\lambda$ ist die charakteristische

Tabelle 6.2. Werte der Gleichungen (6.41) bis (6.44) für die ebene Platte

$Fo = at/X^2$		$Bi = \alpha X/\lambda$		$Fo^* = 0{,}24$

$1/Bi$	C_{m}	E	C_{w}	C_{q}	δ_1
0	1,2732	2,4674	0,0000	0,8106	1,5708
0,1	1,2620	2,0417	0,1785	0,8743	1,4289
0,2	1,2402	1,7262	0,3152	0,9130	1,3138
0,5	1,1784	1,1560	0,5587	0,9635	1,0769
0,8	1,1379	0,8663	0,6796	0,9806	0,9308
1	1,1191	0,7402	0,7299	0,9861	0,8603
2	1,0701	0,4268	0,8498	0,9947	0,6533
5	1,0311	0,1874	0,9360	0,9992	0,4328
8	1,0199	0,1200	0,9594	0,9997	0,3464
10	1,0161	0,0968	0,9673	0,9998	0,3111
20	1,0082	0,0492	0,9835	0,9999	0,2218
50	1,0033	0,0199	0,9934	1,0000	0,1410
80	1,0021	0,0124	0,9958	1,0000	0,1116
100	1,0017	0,0100	0,9967	1,0000	0,0998

Tabelle 6.3. Werte der Gleichungen (6.41) bis (6.43) und (6.45) für den Zylinder

$Fo = at/R^2$		$Bi = \alpha R/\lambda$		$Fo^* = 0{,}21$

$1/Bi$	C_{m}	E	C_{w}	C_{q}	μ_1
0	1,6020	5,7840	0,0000	0,6916	2,4048
0,1	1,5678	4,7524	0,1905	0,8037	2,1795
0,2	1,5029	3,9601	0,3452	0,8721	1,9898
0,5	1,3386	2,5600	0,6096	0,9536	1,5994
0,8	1,2461	1,8656	0,7293	0,9772	1,3659
1	1,2068	1,5750	0,7764	0,9843	1,2558
2	1,1141	0,8836	0,8812	0,9955	0,9408
5	1,0482	0,3795	0,9510	0,9992	0,6170
8	1,0306	0,2421	0,9691	0,9997	0,4923
10	1,0245	0,1945	0,9753	0,9998	0,4417
20	1,0124	0,0986	0,9876	0,9999	0,3143
50	1,0050	0,0396	0,9950	1,0000	0,1995
80	1,0031	0,0246	0,9969	1,0000	0,1579
100	1,0025	0,0199	0,9975	1,0000	0,1412

Länge der Abstand x von der Oberfläche. Für $x=0$ folgt $Bi=0$ und $1/Fo=0$; das Produkt

$$\eta = \sqrt{Fo}\, Bi = \alpha \sqrt{at}/\lambda = \alpha\sqrt{t/b} \qquad (6.47\,\mathrm{a})$$

bleibt jedoch endlich, da die Ortskoordinate x darin nicht vorkommt.

Tabelle 6.4. Werte der Gleichungen (6.41) bis (6.43) und (6.46) für die Kugel

$Fo = a\,t/R^2$		$Bi = \alpha\,R/\lambda$		$Fo^* = 0{,}18$
$1/Bi$	C_m	E	C_w	C_q	v_1

$1/Bi$	C_m	E	C_w	C_q	v_1
0	2,0000	9,8696	0,0000	0,6079	3,1416
0,1	1,9249	8,0446	0,2040	0,7607	2,8363
0,2	1,7870	6,6071	0,3758	0,8533	2,5704
0,5	1,4793	4,1158	0,6540	0,9534	2,0288
0,8	1,3313	2,9430	0,7679	0,9785	1,7155
1	1,2732	2,4674	0,8106	0,9855	1,5708
2	1,1441	1,3585	0,9021	0,9960	1,1656
5	1,0592	0,5765	0,9603	0,9993	0,7593
8	1,0372	0,3658	0,9751	0,9997	0,6048
10	1,0298	0,2941	0,9801	0,9998	0,5423
20	1,0150	0,1485	0,9900	1,0000	0,3854
50	1,0060	0,0598	0,9960	1,0000	0,2445
80	1,0037	0,0374	0,9975	1,0000	0,1934
100	1,0030	0,0299	0,9980	1,0000	0,1730

Für den Temperaturwert an der Wand vereinfacht sich Gl. (6.47) daher zu

$$\frac{\vartheta_\mathrm{w}}{\vartheta_c} = \exp\eta^2 \cdot \mathrm{erfc}\,\eta.$$

Nimmt das Argument

$$z = 1/(2\sqrt{Fo}) + \sqrt{Fo}\,Bi = \xi + \eta \tag{6.47b}$$

von $\mathrm{erfc}(z)$ Werte über Zwei an, wird die numerische Auswertung schwierig; man verwendet dann zweckmäßigerweise die Näherung

$$\exp z^2 \cdot \mathrm{erfc}\,z \approx \frac{1}{z\sqrt{\pi}}\left(1 - \frac{1}{2z^2} + \frac{3}{4z^4}\right) = \varphi(z)$$

und setzt in die umgeformte Gl. (6.47) ein:

$$\frac{\vartheta}{\vartheta_c} = \mathrm{erf}\left(\frac{1}{2\sqrt{Fo}}\right) + \exp\left(-\frac{1}{4Fo}\right)\varphi\left(\frac{1}{2\sqrt{Fo}} + \sqrt{Fo}\,Bi\right).$$

Für einen ersten Überblick über ein Anheiz- oder Abkühlproblem genügt es oft, den Bruchteil Q/Q_c oder $\vartheta_\mathrm{m}/\vartheta_c$ zu kennen, der in einer bestimmten Zeit erreichbar ist. Dazu hilft ein Fo, Bi-Diagramm mit der betreffenden Größe als Parameter, wie es Bild 6.8 für die ebene Platte, Bild 6.9 für den Zylinder und Bild 6.10 für die Kugel mit Q/Q_c als Parameter zeigt.

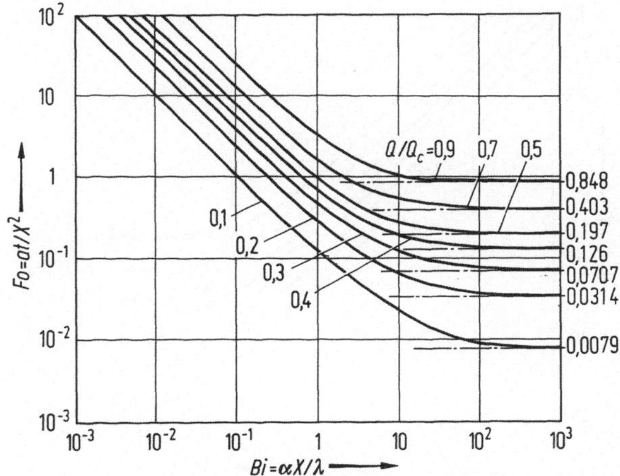

Bild 6.8. *Fo*, *Bi*-Diagramm mit Q/Q_c als Parameter für die ebene Platte (rechts stehen die *Fo*-Werte für $Bi \rightarrow \infty$)

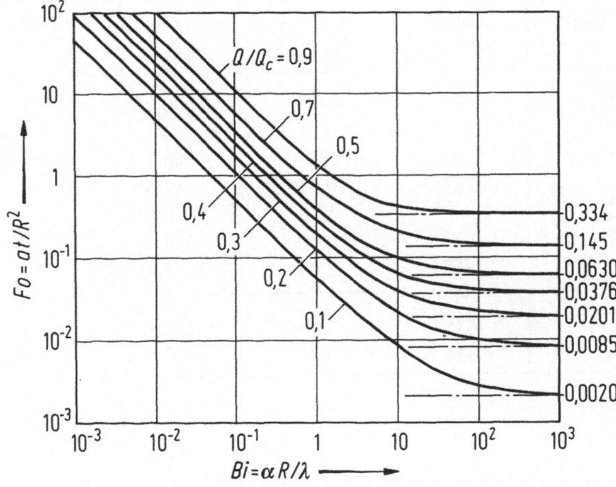

Bild 6.9. *Fo*, *Bi*-Diagramm mit Q/Q_c als Parameter für den Zylinder (vgl. auch Bild 6.8)

Beispiel 6.6: Wir betrachten 3 Platten von der Dicke $2X = 10\,\text{cm}$ aus verschiedenen Materialien, an deren Außenseite ein Wärmeübergangskoeffizient $\alpha = 10\,\text{W/Km}^2$ herrschen soll. Gesucht sind die Zeiten, bis der Halbwert $Q/Q_c = 0{,}5$ erreicht ist. Die Daten sind in Tabelle 6.5 angegeben.
Taucht man die Platten in siedendes Wasser, so wird α sehr groß, so daß man mit dem asymptotischen Wert $Fo = 0{,}197$ für $Bi = \infty$ und $Q/Q_c = 0{,}5$ rechnen kann. Auch diese Zeiten sind als t_∞ in Tabelle 6.5 eingetragen.

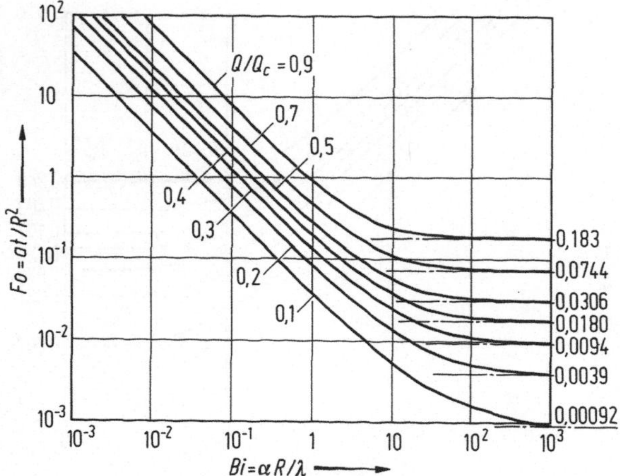

Bild 6.10. Fo, Bi-Diagramm mit Q/Q_c als Parameter für die Kugel (vgl. auch Bild 6.8)

Tabelle 6.5. Halbwertzeiten bei der ebenen Platte

Größe	Isolier- platte	Keramik- platte	Metall- platte	Einheit	Bemerkung
X	0,05	0,05	0,05	m	
α	10	10	10	W/Km²	
λ	0,05	0,5	50	W/Km	$Q/Q_c = 0,5$
a	0,278	0,313	12,5	10^{-6} m²/s	für
Bi	10	1	0,01	–	Bi variabel
Fo	0,27	0,92	69	–	
t	0,674	2,04	3,83	h	
Fo	0,197	0,197	0,197	–	$Q/Q_c = 0,5$
t_∞	29,5	26,2	0,657	min	für $Bi \to \infty$

6.8 Differenzenverfahren

Wir gehen aus von der Fourier-Differentialgleichung (1.2) für die ebene
Platte und approximieren die beiden darin vorkommenden partiellen
Differentialquotienten durch Differenzenquotienten. Dazu werden die
Ortskoordinate x und die Zeitkoordinate t in jeweils gleichgroße
endliche Intervalle Δx bzw. Δt zerlegt. Die Ortskoordinate soll von der
Oberfläche der Platte aus ins Innere orientiert sein (siehe Bild 6.11) und
der Mitte jedes Ortsintervalls sei zum Zeitpunkt $t = m\,\Delta t$ (m ist eine
ganze Zahl) ein diskreter Temperaturwert zugeordnet. Die Mitte des

n-ten Ortsintervalls liegt dann an der Stelle $x=(n-1/2)\,\Delta x$ (n ist eben-falls eine ganze Zahl) und wir können den dort zur Zeit $t=m\,\Delta t$ auf-tretenden Temperaturwert symbolisch durch die Schreibweise $\vartheta_{n,m}$ charakterisieren.

Der partielle Differentialquotient zweiter Ordnung (nach dem Ort) aus Gl. (1.2) wird zur Zeit t an der Stelle x durch einen „zentralen" Differenzenquotienten zweiter Ordnung angenähert, der sich als Diffe-renz zweier zentraler Differenzenquotienten erster Ordnung an den Stellen $x+\Delta x/2=n\,\Delta x$ und $x-\Delta x/2=(n-1)\,\Delta x$ bilden läßt:

$$\left(\frac{\partial^2 \vartheta}{\partial x^2}\right)_{x,t} \approx \frac{(\vartheta_{n+1,m}-\vartheta_{n,m})/\Delta x-(\vartheta_{n,m}-\vartheta_{n-1,m})/\Delta x}{\Delta x}$$

$$=\frac{\vartheta_{n+1,m}-2\vartheta_{n,m}+\vartheta_{n-1,m}}{\Delta x^2}.$$

Der partielle Differentialquotient erster Ordnung (nach der Zeit) aus Gl. (1.2) wird durch einen „vorderen" Differenzenquotienten bezüglich der Zeit angenähert

$$\left(\frac{\partial \vartheta}{\partial t}\right)_{x,t} \approx \frac{\vartheta_{n,m+1}-\vartheta_{n,m}}{\Delta t}.$$

Wie unmittelbar einzusehen, wäre dieser Näherungsausdruck „zentral" und damit sicher optimal für den Zeitpunkt $t+\Delta t/2$; wir verwenden ihn

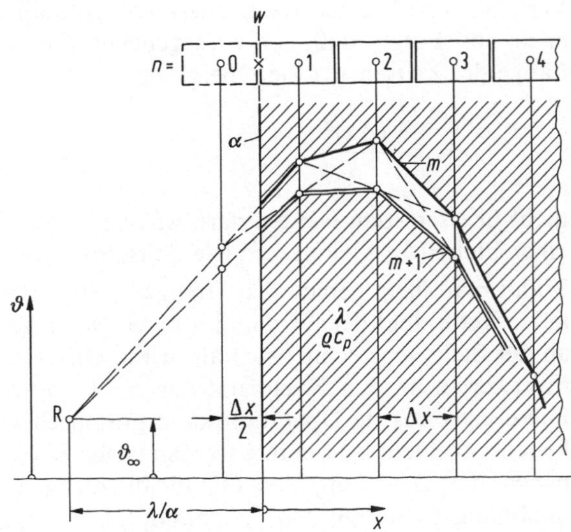

Bild 6.11. Anwendungsschema des graphischen Differenzenverfahrens nach Binder und Schmidt

gleichwohl als mäßig gute Näherung für den Zeitpunkt t und erhalten nach Einsetzen obiger Differenzenausdrücke in Gl. (1.2) die Differenzengleichung

$$\frac{\vartheta_{n,m+1}-\vartheta_{n,m}}{\Delta t}=a\,\frac{\vartheta_{n+1,m}-2\vartheta_{n,m}+\vartheta_{n-1,m}}{\Delta x^2}. \tag{6.48}$$

Die Wahl eines vorderen Differenzenquotienten nach der Zeit hat zwei wesentliche Konsequenzen:

(a) Erstens läßt sich Gl. (6.48) nach $\vartheta_{n,m+1}$ auflösen, d.h. wir können das gesuchte Temperaturfeld punktweise (nach dem Ort) und schrittweise (nach der Zeit) berechnen. Es liegt, wie man sagt, ein explizites Differenzenverfahren vor, das sich durch außerordentliche Einfachheit in der Durchführung auszeichnet. Mit der Einführung des sogenannten Moduls p gemäß

$$p=\frac{a\,\Delta t}{(\Delta x)^2} \tag{6.49}$$

(es handelt sich um eine spezielle Fourier-Zahl), folgt aus Gl. (6.48)

$$\vartheta_{n,m+1}=p(\vartheta_{n+1,m}+\vartheta_{n-1,m})+(1-2p)\,\vartheta_{n,m}. \tag{6.50}$$

(b) Als zweite, leider ungünstige Konsequenz ist festzuhalten, daß p höchstens den Wert 0,5 annehmen darf, da für $p>0,5$ mit dem Auftreten negativer Koeffizienten in der Gl. (6.50) völlige Instabilität des Verfahrens verbunden wäre. Diese erste Stabilitätsbedingung hat demnach zur Folge, daß bei vorgegebener Ortsschrittweite Δx für die Länge des Zeitschritts die Obergrenze

$$\Delta t\le\frac{1}{2}\frac{(\Delta x)^2}{a} \tag{6.51}$$

nicht überschritten werden darf, was besonders bei feiner Unterteilung einer Platte (Δx klein) sehr viele Zeitschritte erforderlich machen kann. Wählt man für p gerade den Grenzwert 0,5, so entfällt in Gl. (6.50) der letzte Term, und der für den Zeitpunkt $m+1$ gesuchte Temperaturwert an der Stelle n errechnet sich als arithmetisches Mittel aus den Temperaturwerten an den Nachbarstellen $n-1$ und $n+1$ zum Zeitpunkt m. Diese algebraische Operation kann graphisch sehr einfach durch „Ekkenabschneiden" ausgeführt werden (siehe Bild 6.11), eine Methode, die neben der Ableitung der Gl. (6.50) zuerst von Binder (1910) und unabhängig von ihm von E. Schmidt (1924) angegeben worden ist.
Die Randbedingung 3. Art nach Gl. (1.8) kommt bei praktischen Wärmeübergangsproblemen am häufigsten vor, weshalb wir sie hier

beispielhaft in eine Differenzengleichung umwandeln. Mit den Symbolen aus Bild 6.11 folgt:

$$\lambda\left(\frac{\vartheta_{1,m}-\vartheta_{w,m}}{\Delta x/2}\right)=\alpha(\vartheta_{w,m}-\vartheta_{\infty,m}). \tag{6.52}$$

Den Anschluß dieser Bedingung an das Berechnungs-Laufschema nach Gl. (6.50) erreichen wir am einfachsten durch die Einführung einer Hilfsschicht, die den Ortsindex 0 erhält und in Bild 6.11 gestrichelt eingezeichnet ist. Hierdurch wird unterstellt, daß zwischen den Punkten 1 und 0 ein reiner Wärmeleitvorgang stattfindet, so daß gelten muß:

$$\frac{\lambda}{\Delta x/2}(\vartheta_{w,m}-\vartheta_{0,m})=\frac{\lambda}{\Delta x/2}(\vartheta_{1,m}-\vartheta_{w,m}). \tag{6.53}$$

Man führt eine spezielle Biot-Zahl ein gemäß

$$Bi^*=\frac{\alpha}{\lambda}\frac{\Delta x}{2} \tag{6.54}$$

und erhält nach Elimination der Zwischentemperatur $\vartheta_{w,m}$ für die Temperatur in der Hilfsschicht

$$\vartheta_{0,m}=\frac{1-Bi^*}{1+Bi^*}\vartheta_{1,m}+\frac{2Bi^*}{1+Bi^*}\vartheta_{\infty,m}. \tag{6.55}$$

Durch diese fiktive Temperatur wird der Einfluß der Umgebung auf den ebenen Körper in einen reinen Wärmeleitvorgang von Stelle 0 nach Stelle 1 transponiert, so daß Gl. (6.50) für $n=1$ widerspruchsfrei auf den Hilfspunkt 0 gestützt werden kann. Geometrisch läßt sich diese Zuordnung besonders einfach ausführen:
Sind die Temperaturen $\vartheta_{1,m+1}$, $\vartheta_{2,m+1}$, ... usw. durch „Eckenabschneiden" festgelegt, ersetzt man den Index $m+1$ durch m, d.h. die eben ermittelte Wertefolge wird als Folge der Startwerte für den nächsten Zeitschritt betrachtet. Vor Beginn der Neuberechnung des Temperaturfeldes muß noch die Temperatur in der Hilfsschicht ermittelt werden, da die Anwendung der allgemeinen Differenzengleichung (6.50) auf die Stelle $n=1$ eben diesen Wert als Stützpunkt benötigt. Dazu verbindet man den im Abstand λ/α von der Plattenoberfläche gelegenen Richtpunkt R (siehe Abschnitt 1.3) mit dem Temperaturwert in der randnächsten Innenschicht, $\vartheta_{1,m}$, durch eine Gerade und erhält als Schnittpunkt mit der Ordinatenhilfslinie an der Stelle $x=-\Delta x/2$ bzw. $n=0$ den gesuchten Temperaturwert $\vartheta_{0,m}$. Diese geometrische Konstruktion erfüllt genau die Randbedingungsgleichung (6.55). Für den Temperaturwert $\vartheta_{w,m}$ an der Plattenoberfläche folgt aus Gl. (6.53):

$\vartheta_{w,m} = (\vartheta_{0,m} + \vartheta_{1,m})/2$. Wenn auch am rechten Plattenrand (im Sinne von Bild 6.11) eine Wärmeübergangsbedingung vorgeschrieben ist, führt man auch dort (an der Stelle $x = X + \Delta x/2$ mit dem Index $n+1$) eine Hilfsschicht ein und verfährt analog.

Nimmt die Biot-Zahl nach Gl. (6.54) Werte über 1 an (R kommt dann zwischen $x=0$ und $x = -\Delta x/2$ zu liegen), so können an der wandnächsten Stelle $n=1$ Instabilitäten entstehen, da ein zweites Stabilitätskriterium verletzt wird. Setzt man die Randbedingung (6.55) in die für $n=1$ spezialisierte Differenzengleichung (6.50) ein und stellt die Forderung, daß keine negativen Koeffizienten auftreten dürfen, so folgt nach einiger Rechnung das Kriterium

$$p \leq \frac{1 + Bi^*}{1 + 3\,Bi^*}. \tag{6.56}$$

Wie man durch Einsetzen in Gl. (6.56) bestätigt, resultiert für $Bi^* > 1$ die verschärfte Stabilitätsforderung $p < 1/2$; im Grenzfall $Bi^* \to \infty$ wird p durch die Bedingung $p \leq 1/3$ limitiert. Das Verfahren ist demnach für alle Bi^*-Werte stabil, wenn $p \leq 1/3$ eingehalten wird; es geht allerdings die einfache Konstruktionsmöglichkeit des „Eckenabschneidens" verloren. Bei der großen Verbreitung von billigen Taschenrechnern ist dies jedoch heute kein großer Nachteil mehr, zumal die tabellarische Berechnung wesentlich genauer ist und außerdem ein unterhalb der durch Gl. (6.56) gesetzten Grenze beliebig festsetzbarer Modulwert p größere Flexibilität des Verfahrens ermöglicht (Wärmeleitung durch Verbundplatten mit unterschiedlichen Stoffeigenschaften).

Das hier beschriebene „Binder-Schmidt-Verfahren" eignet sich auch sehr gut zur Lösung nichtlinearer Wärmeleitprobleme (wenn etwa α eine Funktion der Wandtemperatur ist) oder zur Berücksichtigung zeitveränderlicher Umgebungstemperaturen; in beiden Fällen wandert der Richtpunkt auf einer Kurve. Die Methode läßt sich auf Zylinder- und Kugelgeometrien erweitern, wobei in jedem Fall auch beliebig verteilte Wärmequellen ohne nennenswerten Aufwand berücksichtigt werden können. Eine gute Einführung in den ganzen Problemkreis bietet [6.3].

Beispiel 6.7: Eine ebene Stahlplatte der Dicke $X = 10\,\text{cm}$ und der Anfangstemperatur $\vartheta_c = 100\,°\text{C}$ mit den Stoffeigenschaften $\lambda = 25\,\text{W/Km}$ und $a = 7{,}1 \cdot 10^{-6}\,\text{m}^2/\text{s}$ ist auf der einen Oberfläche adiabat isoliert, die andere wird von einem Luftstrom der Temperatur $\vartheta_\infty = 0\,°\text{C}$ beaufschlagt, wobei sich ein Wärmeübergangskoeffizient $\alpha = 250\,\text{W/Km}^2$ einstellt. Bei einer Unterteilung der Platte in $n = 3$ Abschnitte ist für den Modulwert $p = 0{,}5$ die diskrete Temperaturverteilung nach $m = 6$ Zeitschnitten numerisch zu ermitteln. Da mit $p = 0{,}5$ die Voraussetzung für die Methode des „Eckenabschneidens" gegeben ist, kann die graphische Lösung zur Kontrolle der Rechnung herangezogen werden, worauf hier jedoch verzichtet wird.

Mit $\Delta x = X/3 = 0{,}0333$ m folgt aus Gl. (6.49) für den Zeitschritt $\Delta t = 78{,}2$ s und für die gesamte Abkühlzeit $t = 6 \cdot \Delta t = 470$ s. Die spezielle Biot-Zahl ergibt sich mit Gl. (6.54) zu $Bi^* = 1/6$. Da beim vorliegenden Plattenproblem zwei Ränder bzw. Randbedingungen gegeben sind, müssen auch zwei Hilfsschichten vorgesehen werden: die Hilfsschicht an der adiabaten Oberfläche erhält den Zähler 0, die andere den Zähler $n + 1 = 4$. Am adiabaten Rand liegt wegen $\alpha = 0$ bzw. $Bi^* = 0$ ein Spezialfall der Randbedingung 3. Art vor, so daß dort ebenfalls Gl. (6.55) zur Berechnung der Hilfswandtemperatur $\vartheta_{0,m}$ verwendet werden kann. Aus Gl. (6.55) folgt auch $\vartheta_{4,m}$ nach Abänderung des Zählers der ersten Innenschichttemperatur (dort liegt $\vartheta_{3,m}$). Man erhält:

$$\vartheta_{0,m} = \vartheta_{1,m} \quad \text{für } Bi^* = 0$$
$$\vartheta_{4,m} = \tfrac{5}{7}\vartheta_{3,m} \quad \text{für } Bi^* = 1/6.$$

Die Temperaturwerte $\vartheta_{1,m+1}$ bis $\vartheta_{3,m+1}$ berechnen sich aus Gl. (6.50), welche mit $p = 1/2$ in die einfache Beziehung

$$\vartheta_{n,m+1} = \tfrac{1}{2}(\vartheta_{n+1,m} + \vartheta_{n-1,m})$$

übergeht. Zuerst sind immer die Innentemperaturen, dann erst die Hilfswandtemperaturen zu ermitteln. Der Gang der Berechnung ist aus Tabelle 6.6 im einzelnen ersichtlich. Die nach m Zeitschritten ausgeflossene bezogene Wärmemenge läßt sich aus der Beziehung

$$(Q/Q_c)_m = \frac{1}{3\vartheta_c} \sum_{n=1}^{3} (\vartheta_c - \vartheta_{n,m})$$

berechnen; in der letzten Spalte der Tabelle 6.6 sind die entsprechenden Zahlenwerte aufgeführt.
Die Genauigkeit der Differenzenmethode kann im vorliegenden Fall wegen

$$Fo = a\,t/X^2 = m\,p/n^2 = 1/3 > Fo^* = 0{,}24$$

Tabelle 6.6. Berechnungsschema des numerischen Differenzenverfahrens mit $p = 1/2$ (Letzte Zeile: Kontrollrechnung)

m	$\vartheta_{0,m}/\vartheta_c$	$\vartheta_{1,m}/\vartheta_c$	$\vartheta_{2,m}/\vartheta_c$	$\vartheta_{3,m}/\vartheta_c$	$\vartheta_{4,m}/\vartheta_c$	$(Q/Q_c)_m$
0	1,000	1,000	1,000	1,000	0,714	0
1	1,000	1,000	1,000	0,857	0,612	0,048
2	1,000	1,000	0,929	0,806	0,576	0,088
3	0,965	0,965	0,903	0,752	0,537	0,127
4	0,934	0,934	0,859	0,720	0,514	0,162
5	0,897	0,897	0,827	0,687	0,490	0,196
6	0,862	0,862	0,792	0,659	0,470	0,229
6	–	0,865	0,795	0,659	–	0,230

mit Hilfe der Näherungslösungen nach Abschnitt 6.7 überprüft werden. Für $Bi = \alpha X/\lambda = 1$ folgt aus Tabelle 6.2:

$$\delta_1 = 0{,}860; \quad C_m = 1{,}119; \quad E = 0{,}740; \quad C_q = 0{,}986.$$

Auf unser Problem zugeschnitten lautet Gl. (6.44):

$$\vartheta_{n,6}/\vartheta_c = C_m \exp(-EFo)\cos\left(\delta_1 \frac{n-\frac{1}{2}}{3}\right).$$

Die rechnerische Auswertung findet sich zusammen mit dem aus Gl. (6.43) für die abgegebene bezogene Wärmemenge Q/Q_c folgenden Wert in der letzten Zeile der Tabelle 6.6. Im Hinblick auf die grobe Teilung $n = 3$ ist die Übereinstimmung der Differenzenrechnung mit der als nahezu exakt zu betrachtenden Näherungsrechnung überraschend gut; man hätte demnach selbst für die sehr grobe Teilung $n = 2$ durchaus brauchbare Ergebnisse erwarten dürfen.

6.9 Experimentelle Analogieverfahren

Wir führen hier drei nichtstationäre Transportvorgänge aus ganz verschiedenen Bereichen der Physik an, deren mathematische Formulierung auf die gleiche parabolische Differentialgleichung (1.2) führt, wie sie von Fourier für den Wärmetransport abgeleitet wurde (man spricht von analogen Vorgängen):

1. Die Leitung elektrischen Stroms in einem Kabel bei veränderlicher Eingangsspannung.
2. Die laminare Sickerströmung durch einen Erddamm bei Änderung des Gefälles z.B. durch Ebbe und Flut.
3. Die Diffusion von Fremdatomen in einem Halbleiterkristall.

Bei mehrdimensionalen Transportvorgängen mit komplizierter Berandung oder nichtlinearen Randbedingungen lassen sich meist keine mathematischen Lösungen auffinden. Deshalb haben verschiedene Forscher versucht, derartige Probleme experimentell mit Hilfe sogenannter Analogiemodelle zu lösen. Die mit solchen Ersatzsystemen gefundenen Ergebnisse können aufgrund der bestehenden Analogie auf jedes der genannten Gebiete angewendet oder übertragen werden.

Am einfachsten lassen sich elektrische oder hydraulische Analogiemodelle bauen. In beiden Fällen bleibt der kontinuierliche Zeitablauf erhalten, während die geometrieabhängigen Größen Widerstand und Kapazität diskretisiert werden, d.h. man zerlegt das Kontinuum in meist gleichgroße Einzelbausteine, die handelsüblich erworben oder leicht hergestellt werden können.

6.9.1 Das elektrische Analogiemodell (Beuken 1936)

Zur Erklärung des Prinzips ist in Bild 6.12 eine elektrische Schaltung
dargestellt, die die Wärmeabfuhr aus einer ebenen Platte analog zu
simulieren gestattet. Die Platte mit der Oberfläche A, der Dicke X und
den Materialeigenschaften λ (Wärmeleitfähigkeit), ρ (Dichte), c_p (spezifische Wärmekapazität) sei in $n = 4$ gleichdicke Schichten Δx aufgeteilt.
An der einen Oberfläche soll ein Wärmeübergangskoeffizient α gegeben
sein (Randbedingung 3. Art), die andere sei adiabat.

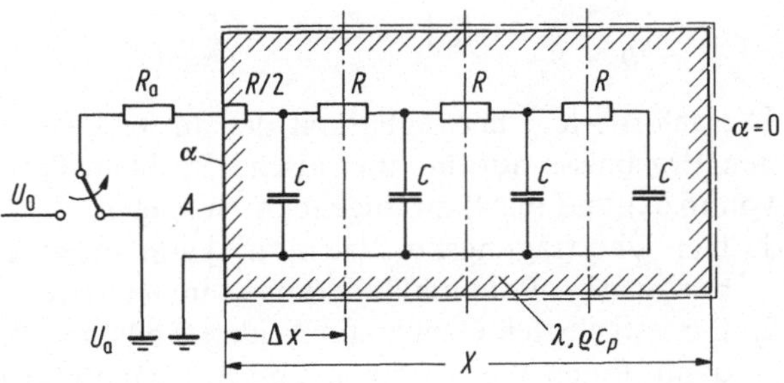

Bild 6.12. Schema eines elektrischen Analogiemodells

Die Bausteine des elektrischen Modells sind ohmsche Widerstände R
(SI-Einheit Ohm, Ω) und Kondensatoren mit der Kapazität C
(SI-Einheit Farad, F). Das Potential ist die elektrische Spannung U
(SI-Einheit Volt, V). Mit vier Übertragungskoeffizienten μ_1 bis μ_4 können
wir dann folgende Beziehungen zwischen elektrischen und thermischen
Größen angeben

$$R = \mu_1 \frac{\Delta x}{\lambda A} \qquad \text{(Innenwiderstand)} \tag{6.57}$$

$$R_a = \mu_1 \frac{1}{\alpha A} = R \frac{\lambda}{\alpha \Delta x} \qquad \text{(Außenwiderstand)} \tag{6.58}$$

$$C = \mu_2 \rho\, c_p A\, \Delta x \qquad \text{(Kapazität)} \tag{6.59}$$

$$t_e = \mu_3 t \qquad \text{(Zeit)} \tag{6.60}$$

$$U = \mu_4 \vartheta \qquad \text{(Potential).} \tag{6.61}$$

Mit Hilfe der Ausführungen in Abschnitt 3.3 läßt sich leicht zeigen, daß
die Entladung eines thermischen Speichers der Kapazität $\rho\, c_p A\, \Delta x$ über
einen thermischen Widerstand der Größe $\Delta x / (\lambda A)$ durch die Formel

$$\frac{\vartheta - \vartheta_a}{\vartheta_0 - \vartheta_a} = \exp\left(-\frac{\lambda t}{\rho\, c_p (\Delta x)^2}\right) \tag{6.62}$$

für den Temperaturabfall beschrieben wird. Dabei ist ϑ_a die Außentemperatur und ϑ_0 die Anfangstemperatur des Speichers.

Für den Spannungsabfall an einem Kondensator C, der über einen Widerstand R entladen wird, gilt entsprechend:

$$\frac{U-U_a}{U_0-U_a} = \exp(-t_e/RC).\tag{6.63}$$

Durch Einsetzen der Beziehungen (6.57) und (6.59) bis (6.61) in Gl. (6.63) erhält man:

$$\frac{\vartheta-\vartheta_a}{\vartheta_0-\vartheta_a} = \exp\left(-\frac{\mu_3}{\mu_1\mu_2}\frac{\lambda t}{\rho\,c_p(\Delta x)^2}\right).\tag{6.64}$$

Die geforderte Übertragbarkeit der am elektrischen Modell gewonnenen Ergebnisse auf das thermische Problem führt über den Vergleich von (6.62) und (6.64) zu folgenden Aussagen:

1. Der Übertragungskoeffizient μ_4 kann beliebig gewählt werden, da nur relative Potentialänderungen interessieren.
2. Bei festgelegten Größen für Widerstände und Kondensatoren — und damit festen Werten für μ_1 und μ_2 — muß für den reinen Zeitfaktor μ_3 gelten:

$$\mu_3 = \mu_1\mu_2.\tag{6.65}$$

Für das Verhältnis der Systemzeiten folgt dann

$$\frac{t_e}{t} = RC\frac{\lambda}{\rho\,c_p(\Delta x)^2}.\tag{6.66}$$

3. Nach Gl. (6.58) und Bild 6.12 ist ein Gesamtaußenwiderstand der Größe

$$R_{a,ges} = R(\lambda/\alpha\,\Delta x + 1/2)$$

anzubringen.

6.9.2 Das hydraulische Modell (Moore, 1935; Lukyanow, 1936)

Bild 6.13 zeigt den Aufbau eines hydraulischen Analogiemodells, das ebenfalls die Simulation des Wärmeeindringvorgangs in eine ebene Platte ermöglichen soll. Durchsichtige Standrohre vom Durchmesser D bilden die Speicher und Kapillarrohre vom Durchmesser d und der Länge l wirken als Widerstände. Beide Röhrensysteme sind mit einer Flüssigkeit (meist angefärbtes Wasser) der Dichte ρ_h und der Viskosität η_h gefüllt. Maßstäbe hinter den Standrohren gestatten unmittelbar die Füllhöhe H und damit die örtlichen Potentialwerte abzulesen bzw. zu photographieren.

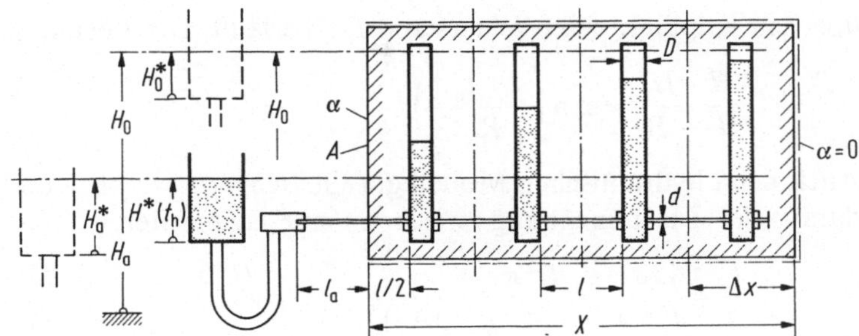

Bild 6.13. Schema eines hydraulischen Analogiemodells

Aus dem vorhergehenden Abschnitt wissen wir, daß drei Übertragungskoeffizienten ausreichen, um zwischen den hydraulischen und den thermischen Größen Beziehungen herzustellen. Ferner zeigt Gl. (6.58), daß die Nachbildung eines Außenwiderstandes keine neuen Probleme aufwirft, wenn die Innenwiderstände erst einmal realisiert sind.

Nach dem Gesetz von Hagen-Poiseuille errechnet sich der Druckabfall Δp, den ein Flüssigkeitsstrom $\dot{m}$ beim laminaren Durchströmen einer Kapillare erfährt zu:

$$\Delta p = \frac{128}{d^4 \pi} \frac{\eta_h}{\rho_h} l \dot{m}. \tag{6.67}$$

Soll diese Druckdifferenz durch den hydrostatischen Druck einer Flüssigkeitssäule der Höhe H aufgebracht werden; so muß mit g als der Erdbeschleunigung gelten:

$$H = \frac{\Delta p}{g \rho_h} = \frac{128\, l}{d^4 \pi g} \cdot \frac{\eta_h}{\rho_h^2} \cdot \dot{m}. \tag{6.68}$$

Hieraus läßt sich ein hydraulischer Einzel-Innenwiderstand R_h definieren:

$$R_h = \frac{128\, l}{d^4 \pi g} \cdot \frac{\eta_h}{\rho_h^2} = \mu_1 \frac{\Delta x}{\lambda A}. \tag{6.69}$$

Ferner definieren wir die Kapazität C_h eines Standrohres

$$C_h = \rho_h \frac{D^2 \pi}{4} = \mu_2 \rho c_p A \Delta x \tag{6.70}$$

und setzen analog zu Gl. (6.60) die Zeitrelation an

$$t_h = \mu_3 t.$$

Aus einer Massenbilanz läßt sich die Differentialgleichung für die Füllstandsänderung eines Standrohres der Kapazität C_h gewinnen, das über ein Kapillare vom Widerstand R_h leerläuft. Die Lösung lautet

$$\frac{H - H_\mathrm{a}}{H_0 - H_\mathrm{a}} = \exp\left(-\frac{t_\mathrm{h}}{R_\mathrm{h} C_\mathrm{h}}\right). \tag{6.71}$$

Auch beim hydraulischen Modell gilt Gl. (6.65) ($\mu_3 = \mu_1 \mu_2$), und es folgt daraus der Zusammenhang zwischen den Systemzeiten

$$\frac{t_\mathrm{h}}{t} = \frac{128\,l}{d^4\,\pi\,g}\,\frac{\eta_\mathrm{h}}{\rho_\mathrm{h}}\,\frac{D^2\pi}{4}\,\frac{\lambda}{\rho\,c_\mathrm{p}(\Delta x)^2}. \tag{6.72}$$

Die bis zu einem bestimmten Zeitpunkt ausgeflossene (oder einge-strömte) Wassermenge ist proportional der beim thermischen Modell am entsprechenden Rand übertragenen Wärmemenge. Man wird zweckmäßigerweise mit Strichmarken versehene Hubflaschen verwen-den (links in Bild 6.13). Sind alle Standrohre bis zur Maximalhöhe H_0 gefüllt, so soll die Spiegelhöhe in der Hubflasche durch H_0^* gegeben sein; sind erstere bis zur Minimalhöhe H_a gefüllt (es ist dies der beim Ausgleichsprozeß angelegte Wert des Außenpotentials), sei H_a^* die entsprechende Spiegelhöhe in der Hubflasche. Für die bezogene über-tragene Wärmemenge gilt dann:

$$\frac{Q(t)}{Q_c} = \frac{H_\mathrm{a}^* - H^*(t_\mathrm{h})}{H_\mathrm{a}^* - H_0^*}.$$

Die hier beschriebenen Analogiemodelle stellen spezielle Bauformen von Analogrechnern dar, die trotz der heute verfügbaren elektroni-schen Simulatoren wegen ihrer niedrigen Baukosten und großen An-schaulichkeit Verwendung finden können.

6.10 Laplace-Transformation

Durch die Integraltransformation nach Laplace wird einer Funktion $f(t)$ eine neue Funktion $F(s)$ zugeordnet nach der Vorschrift

$$F(s) = \int_0^\infty \exp(-s\,t)\,f(t)\,\mathrm{d}t. \tag{6.73}$$

t bezeichnet dabei die unabhängige Variable, s eine neu eingeführte Variable, den sogenannten Laplace-Parameter. Die Exponentialfunk-tion $\exp(-s\,t)$, in diesem Zusammenhang auch Kern genannt, sichert durch ihren stark dämpfenden Charakter für praktisch alle bei techni-schen Problemen auftretenden Funktionen $f(t)$ die Konvergenz des uneigentlichen Integrals. Für $f(t)$ bzw. $F(s)$ sind die Namen Original-oder Oberfunktion bzw. Bild- oder Unterfunktion gebräuchlich und man spricht von einer Abbildung des Oberbereichs (in dem die realen physikalischen Koordinaten liegen) auf den Unterbereich (die komplexe Ebene, da s im allgemeinen komplexe Werte annimmt).

Ober- und Unterfunktion unterscheidet man entweder wie oben durch Klein- und Großschreibung des Funktionssymbols oder man versieht das für die Oberfunktion eingeführte Symbol mit einem Querstrich (was allerdings zu Verwechslungen mit dem konjugiert komplexen Wert führen kann!). Den durch die Funktionaltransformation nach Laplace gemäß Gl. (6.73) definierten Zusammenhang symbolisiert man allgemein mit Hilfe des Zeichens $\mathscr{L}$

$$F(s)=\mathscr{L}\{f(t)\} \quad \text{oder} \quad \bar{g}(s)=\mathscr{L}\{g(t)\}$$

und spricht von der $\mathscr{L}$-Transformation. Für die inverse Transformation oder Rücktransformation (es handelt sich um ein komplexes Integral, auf dessen Darstellung wir hier verzichten) gilt unter Verwendung des Zeichens $\mathscr{L}^{-1}$

$$f(t)=\mathscr{L}^{-1}\{F(s)\} \quad \text{oder} \quad g(t)=\mathscr{L}^{-1}\{\bar{g}(s)\}.$$

Die Beziehung zwischen f und F nennt man Korrespondenz und bringt dies durch das Korrespondenzzeichen $\circ\!\!-\!\!\bullet$ zum Ausdruck

$$f(t)\circ\!\!-\!\!\bullet F(s) \quad \text{oder} \quad \bar{g}(s)\bullet\!\!-\!\!\circ g(t).$$

Die Methode der $\mathscr{L}$-Transformation eignet sich vornehmlich zur Lösung linearer, gewöhnlicher oder partieller Differentialgleichungen — insbesondere von Systemen solcher Differentialgleichungen — sofern hinsichtlich der transformierten Variablen ein Anfangswertproblem vorliegt. Hierunter fallen viele Zeitvorgänge, daher auch der Buchstabe t für das Argument der Funktion $f(t)$.

Nach Doetsch [6.4] ist die Methode der $\mathscr{L}$-Transformation als eine Art Sprache aufzufassen, wobei Korrespondenzen-Tafeln die Funktion eines Wörterbuches übernehmen, d.h. in großer Zahl Zuordnungen der Form $F(s)\bullet\!\!-\!\!\circ f(t)$ liefern. Die grammatikalischen Gesetze dieser Sprache sind die sogenannten Operationen, vergleichbar den bekannten Regeln der Differential- und Integralrechnung. In Tabelle 6.7 sind aus beiden Gruppen die im weiteren benötigten Relationen aufgeführt.

Häufig interessiert gar nicht der explizite Ausdruck für die Lösung einer Differentialgleichung, oder — was häufiger vorkommt — es führt die Integration auf äußerst schwer auszuwertende höhere transzendente Funktionen. In solchen Fällen bietet die $\mathscr{L}$-Transformation eine sehr einfache Methode zur Auffindung sogenannter asymptotischer Entwicklungen der Oberfunktion um die Stellen $t=0$ und $t=\infty$ rein aus der Unterfunktion heraus! Man braucht hierzu nur $F(s)$ an den Stellen $s=\infty$ und $s=s_0$ in eine — meist binomische — Reihe zu entwickeln

Tabelle 6.7. Operationen und Korrespondenzen der $\mathscr{L}$-Transformation

Operationen	
$f'(t)\circ\!\!-\!\!\bullet\, sF(s)-f(+0)$ $f''(t)\circ\!\!-\!\!\bullet\, s^2 F(s)-f(+0)\cdot s-f'(+0)$	Differentiationssatz für die Oberfunktion
$f(at)\circ\!\!-\!\!\bullet\, F(s/a)/a;\; a>0$ $F(as)\bullet\!\!-\!\!\circ\, f(t/a)/a;\; a>0$	Ähnlichkeitssatz
$\exp(-at)\,f(t)\circ\!\!-\!\!\bullet\, F(s+a)$	Dämpfungssatz
$\int\limits_{0}^{t} f(\tau)\,\mathrm{d}\tau\,\circ\!\!-\!\!\bullet\, F(s)/s$	Integrationssatz für die Oberfunktion
$\int\limits_{0}^{t} f_1(\tau)\,f_2(t-\tau)\,\mathrm{d}\tau\,\circ\!\!-\!\!\bullet\, F_1(s)\cdot F_2(s)$	Faltungssatz

Korrespondenzen	
a	a/s
$\exp(-at)$	$1/(s+a)$
$[1-\exp(-at)]/a$	$1/[s(s+a)]$
at	a/s^2
$\cos at$	$s/(s^2+a^2)$
$\sin at$	$a/(s^2+a^2)$
$\cosh at$	$s/(s^2-a^2)$
$\sinh at$	$a/(s^2-a^2)$
$a/\sqrt{t}$	$a\sqrt{\pi}/\sqrt{s}$
$\mathrm{erf}(\sqrt{at})$	$\sqrt{a}/(s\sqrt{s+a})$
$\exp(a^2 t)\,\mathrm{erfc}(a\sqrt{t})$	$1/[\sqrt{s}\,(a+\sqrt{s})]$
$\mathrm{erfc}(a/(2\sqrt{t}))$	$\exp(-a\sqrt{s})/s$

und die einfachen Potenzen in s gliedweise zurückzutransformieren. Die Stelle s_0 ist dabei die Singularität (meist eine Unendlichkeitsstelle) von $F(s)$ mit dem am weitesten rechts liegenden Realteil.

Beispiel 6.8: In ein gut gerührtes Ölbad werden zur Zeit $t=0$ heiße Stahlteile eingebracht. Gesucht ist der Temperaturverlauf im Bad (Index B) und in den Stahlteilen (Index S) unter der Annahme, daß in keinem der beiden Medien örtliche Temperaturunterschiede auftreten, abgesehen von einer dünnen Ölgrenzschicht um die Einsatzteile. Folgende Größen sind gegeben:

Anfangstemperaturen: $\vartheta_{B,0}$, $\vartheta_{S,0}$

Wärmekapazitäten: $(mc)_B$, $(mc)_S$

Oberfläche der Stahlteile: A

Wärmeübergangskoeffizient: α

Aus je einer Wärmebilanz für Stahleinsatz und Ölbad folgen die beiden gekoppelten gewöhnlichen Differentialgleichungen

$$-(mc)_S \frac{d\vartheta_S}{dt} = \alpha A(\vartheta_S - \vartheta_B),$$

$$(mc)_B \frac{d\vartheta_B}{dt} = \alpha A(\vartheta_S - \vartheta_B).$$

Führt man die folgenden Kennzahlen ein

$$\Theta = \frac{\vartheta - \vartheta_{B,0}}{\vartheta_{S,0} - \vartheta_{B,0}}; \quad \tau = \frac{\alpha A t}{(mc)_S}; \quad \varepsilon = \frac{(mc)_S}{(mc)_B}, \tag{6.74}$$

so lautet die dimensionslose Formulierung des Problems:

$$\left.\begin{aligned} \frac{d\Theta_S}{d\tau} + \Theta_S - \Theta_B &= 0, \\[2mm] \frac{d\Theta_B}{d\tau} - \varepsilon(\Theta_S - \Theta_B) &= 0, \\[2mm] \tau = 0: \ \Theta_S(0) = 1; \ \ \Theta_B(0) &= 0. \end{aligned}\right\} \tag{6.75}$$

Mit dem Differentiationssatz aus Tabelle 6.7, der besagt, daß Ableitungen im Oberbereich die $\mathscr{L}$-Transformierte der gesuchten Funktion im Unterbereich liefern — wobei zusätzlich die rechtsseitigen Grenzwerte der Anfangsbedingungen aus dem Oberbereich (!) eingehen — vereinfacht sich das Differentialgleichungsproblem (6.75) zu einer einfachen algebraischen Aufgabe

$$s\overline{\Theta}_S - 1 + \overline{\Theta}_S - \overline{\Theta}_B = 0,$$
$$s\overline{\Theta}_B - \varepsilon\overline{\Theta}_S + \varepsilon\overline{\Theta}_B = 0.$$

Die Auflösung nach $\overline{\Theta}_S$ und $\overline{\Theta}_B$ ergibt die Ausdrücke

$$\overline{\Theta}_B = \frac{\varepsilon}{s(s + \varepsilon + 1)}, \tag{6.76}$$

$$\overline{\Theta}_S = \frac{1}{s + \varepsilon + 1} + \frac{\varepsilon}{s(s + \varepsilon + 1)}, \tag{6.77}$$

deren Rücktransformation mit Hilfe der Korrespondenzen aus Tabelle 6.7 unmittelbar die Lösung des gestellten Problems liefert

$$\Theta_B = \frac{\varepsilon}{1 + \varepsilon}(1 - \exp(-(\varepsilon + 1)\tau)), \tag{6.78}$$

$$\Theta_S = \exp(-(\varepsilon + 1)\tau) + \Theta_B = \frac{\varepsilon + \exp(-(\varepsilon + 1)\tau)}{\varepsilon + 1} \tag{6.79}$$

Will man den Verlauf der Lösungen nur näherungsweise für sehr kleine oder sehr große Zeiten ermitteln, so sind die Unterfunktionen (6.76) und (6.77) um die Stellen $s = \infty$ und

$s = 0$ zu entwickeln, was auf folgende Reihenausdrücke führt

$$\overline{\Theta}_{B,s\to\infty} = \frac{\varepsilon}{s^2} - \frac{\varepsilon(\varepsilon+1)}{s^3} - \cdots$$

$$\overline{\Theta}_{S,s\to\infty} = \frac{1}{s} - \frac{1}{s^2} - \cdots$$

$$\overline{\Theta}_{B,s\to 0} = \frac{\varepsilon}{s(\varepsilon+1)} + \text{Glieder mit Exponenten} \geq 0$$

$$\overline{\Theta}_{S,s\to 0} = \frac{\varepsilon}{s(\varepsilon+1)} + \text{Glieder mit Exponenten} \geq 0.$$

Berücksichtigt man bei der Rücktransformation nur Glieder bis zur ersten Potenz in τ und beachtet, daß unter den Termen der Unterfunktion nur diejenigen mit negativen Exponenten bei s Beiträge zur Oberfunktion liefern, so ergeben sich die Näherungen

$$\Theta_{B,\tau\to 0} \approx \varepsilon\tau \qquad\qquad \text{(Tangente bei } \tau=0),$$

$$\Theta_{S,\tau\to 0} \approx 1-\tau \qquad\qquad \text{(Tangente bei } \tau=0),$$

$$\Theta_{B,\tau\to\infty} \approx \Theta_{S,\tau\to\infty} \approx \frac{\varepsilon}{1+\varepsilon} \qquad\qquad \text{(Horizontale Asymptote)}.$$

In Bild 6.14 ist der Verlauf der Funktionen (6.78) und (6.79) mit den entsprechenden Näherungen für den Parameterwert $\varepsilon = 0,25$ dargestellt. Bei der Ölhärtung von Stählen dürfte ε höchstens den Wert 0,05 erreichen; für $\varepsilon \leq 0,05$ wäre Bild 6.14 aber weniger anschaulich ausgefallen.

Weitere Anwendungen der $\mathscr{L}$-Transformation finden sich im nächsten Abschnitt.
Unter den anwendungsbezogenen Darstellungen der Methode der $\mathscr{L}$-Transformation seien das Standardwerk [6.4] und die Kurzeinführung [6.5] genannt.

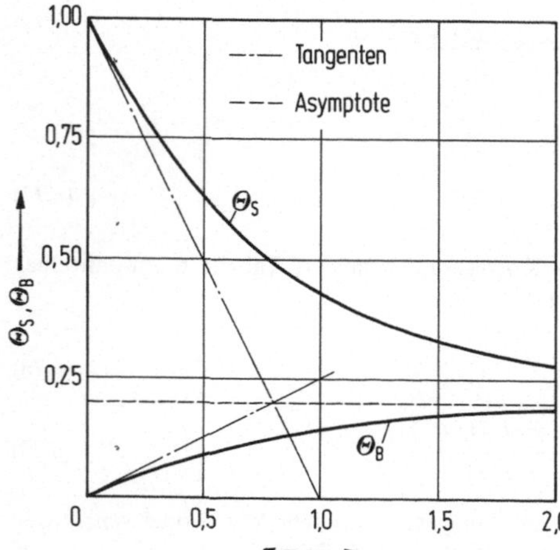

Bild 6.14. Dimensionslose Darstellung der Temperaturverläufe im Ölbad und in den Stahlteilen ($\varepsilon = 0,25$)

6.11 Temperatur periodisch veränderlich

Wir betrachten einen einseitig unendlich ausgedehnten Körper mit der Wärmeleitfähigkeit λ und der Temperaturleitfähigkeit a, setzen also Homogenität und Isotropie voraus. Dann gilt für diesen Bereich wieder die Differentialgleichung (1.2) nach Fourier

$$\frac{\partial\vartheta}{\partial t}=a\frac{\partial^2\vartheta}{\partial x^2}. \tag{6.80}$$

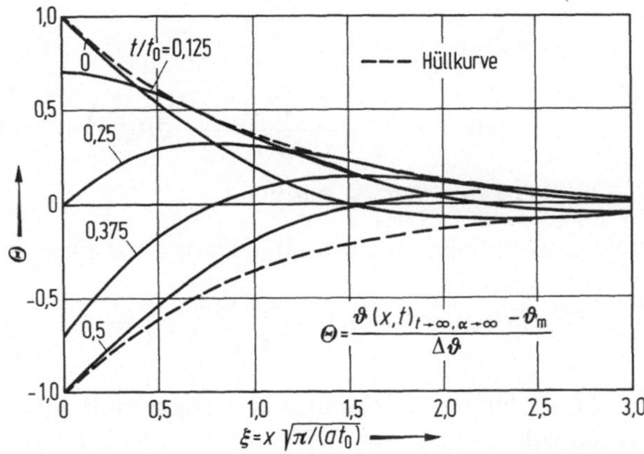

Bild 6.15. Temperaturfeld im halbunendlichen Körper bei periodisch veränderlicher Oberflächentemperatur ($\alpha\to\infty$)

Bild 6.15 zeigt u.a. die Orientierung der Ortskoordinate x. Die Temperatur eines an die freie Körperoberfläche angrenzenden Fluids möge sich nach folgendem periodischen Zeitgesetz ändern

$$\vartheta_a=\vartheta_m+\Delta\vartheta\cos(2\pi t/t_0), \tag{6.81}$$

wobei ϑ_m eine konstante Mitteltemperatur, $\Delta\vartheta$ die Temperaturschwankungsamplitude und t_0 die Periodendauer bezeichnet. Es soll ferner die Randbedingung 3. Art vorgegeben sein, d.h. mit α als dem Wärmeübergangskoeffizienten an der Oberfläche gelte die Beziehung

$$x=0:\ \alpha(\vartheta_a-\vartheta(0,t))=-\lambda\left(\frac{\partial\vartheta}{\partial x}\right)_{x=0}. \tag{6.82}$$

Gesucht ist die Gestalt des Temperaturfeldes im Körper $\vartheta(x,t)$ und die zeitliche Änderung des Wärmeflusses durch die Oberfläche $q(0,t)$ für den periodischen Dauerzustand. Da sich dieser erst nach längerer Zeit einstellt, müssen Anfangsstörungen abgeklungen sein, d.h. wir können $\vartheta(x,0)$ frei wählen und setzen deshalb

$$\vartheta(x,0)=0. \tag{6.83}$$

Schließlich liefert die Voraussetzung, der Körper sei halbunendlich ausgedehnt, als zweite Randbedingung die Beschränktheitsaussage

$$x\to\infty:\ \vartheta(\infty,t)\ \text{endlich}. \tag{6.84}$$

Unterwirft man die Beziehungen (6.80) bis (6.84) der $\mathscr{L}$-Transformation[1], so erhält man mit Hilfe von Tabelle 6.7:

$$s\,\bar{\vartheta}=a\frac{\mathrm{d}^2\bar{\vartheta}}{\mathrm{d}x^2}$$

$$x=0:\quad \alpha\left(\frac{\vartheta_m}{s}+\frac{s\,\Delta\vartheta}{s^2+4\pi^2/t_0^2}-\bar{\vartheta}(0,s)\right)=-\lambda\left(\frac{\mathrm{d}\bar{\vartheta}}{\mathrm{d}x}\right)_{x=0}$$

$$x\to\infty:\ \bar{\vartheta}(\infty,s)\ \text{endlich}$$

Die gewöhnliche Differentialgleichung hat die allgemeine Lösung

$$\bar{\vartheta}(x,s)=C_1\exp\left(-x\sqrt{\frac{s}{a}}\right)+C_2\exp\left(+x\sqrt{\frac{s}{a}}\right);$$

da $\bar{\vartheta}(x,s)$ für $x\to\infty$ beschränkt bleiben muß, folgt $C_2=0$. Einsetzen der Randbedingung 3. Art liefert für die verbleibende Integrationskonstate

$$C_1=\left(\frac{\vartheta_m}{s}+\frac{s\,\Delta\vartheta}{s^2+4\pi^2/t_0^2}\right)\Big/\left(1+\frac{\lambda}{a}\sqrt{\frac{s}{a}}\right),$$

so daß mit den Abkürzungen

$$\left.\begin{array}{l}p=2\pi/t_0\\[2mm]\xi=x\sqrt{\pi/(a\,t_0)}\\[2mm]\beta=\dfrac{\lambda}{\alpha}\sqrt{\pi/(a\,t_0)}\end{array}\right\} \tag{6.85}$$

die Bildfunktion des Temperaturfeldes lautet:

$$\bar{\vartheta}(x,s)=\left(\frac{\vartheta_m}{s}+\frac{s\,\Delta\vartheta}{s^2+p^2}\right)\exp\left(-\xi\sqrt{\frac{s\,t_0}{\pi}}\right)\Big/\left(1+\beta\sqrt{\frac{s\,t_0}{\pi}}\right). \tag{6.86}$$

---

[1] Das gestellte Problem hätte sich auch mit Hilfe des Theorems von Duhamel in Angriff nehmen lassen; dabei wären jedoch sehr komplizierte bestimmte Integrale auszuwerten gewesen, weshalb der Methode der $\mathscr{L}$-Transformation mit ihrem stärker schematisierten Lösungsgang der Vorzug gegeben wurde.

Die komplexe Funktion (6.86) stellt die vollständige Lösung des Problems im Unterbereich dar; wir wollen uns im weiteren jedoch auf die Berechnung des zu erwartenden periodischen Dauerzustands beschränken, der sich für $t \to \infty$ einstellen muß. Man wird diesen Grenzprozeß am einfachsten an der Unterfunktion (6.86) ausführen und muß dazu nach den Ausführungen über asymptotische Reihenentwicklungen in Abschnitt 6.10 die Singularitäten von (6.86) mit dem am weitesten rechts liegenden Realteil bestimmen und alle Funktionsanteile addieren, die bei diesem Entwicklungsprozeß auftreten.

Wir betrachten zunächst den ersten Term der Funktion (6.86)

$$\bar{\vartheta}(x,s)_1 = \vartheta_{\mathrm{m}} \exp\left(-\xi\sqrt{\frac{s\,t_0}{\pi}}\right)\bigg/\left[s\left(1+\beta\sqrt{\frac{s\,t_0}{\pi}}\right)\right]$$

und erkennen, daß bei $s=0$ sowohl eine Unendlichkeits- als auch eine Verzweigungsstelle vorliegt. Zur Bestimmung des Dauerzustands ist es nicht notwendig, eine Reihenentwicklung vorzunehmen; es genügt, den Grenzwert für $s \to 0$ zu bestimmen. Man erhält

$$\bar{\vartheta}(x,s)_{1,s\to 0} = \frac{\vartheta_{\mathrm{m}}}{s}$$

und mit der ersten Korrespondenz aus Tabelle 6.7

$$\vartheta(x,t)_{1,t\to\infty} = \vartheta_{\mathrm{m}}, \tag{6.87}$$

also einen konstanten Wert.

Der zweite Term der Funktion (6.86) hat bei $s=0$ ebenfalls eine Verzweigungsstelle und bei $s=+ip$ und $s=-ip$ je einen Einfachpol. Für $s \to 0$ ergibt sich der Grenzwert Null, d.h. diese Singularität liefert keinen Beitrag zur periodischen Lösung.

Die Summe der beiden übrigen Grenzwerte des zweiten Funktionsterms berechnen wir über die Hilfsbeziehungen

$$\left.\begin{aligned}\sqrt{\frac{+ip\,t_0}{\pi}} &= \frac{1+i}{\sqrt{2}}\sqrt{\frac{p\,t_0}{\pi}} = 1+i\\[2ex]\sqrt{\frac{-ip\,t_0}{\pi}} &= \frac{1-i}{\sqrt{2}}\sqrt{\frac{p\,t_0}{\pi}} = 1-i\end{aligned}\right\} \quad \begin{aligned}&\text{jeweils Wurzel mit}\\&\text{größtem Realteil}\end{aligned}$$

und die Partialbruchzerlegung

$$\frac{s}{s^2+p^2} = \frac{1}{2(s-ip)} + \frac{1}{2(s+ip)}$$

nach längerer Rechnung zu

$$\overline{\vartheta}(x,s)_{2,s\to\pm\,\mathrm{i}p}=\frac{\Delta\vartheta}{2}\,\frac{\exp(-\xi)}{1+2\beta+2\beta^2}$$

$$\times\left[\frac{1+\beta-\mathrm{i}\beta}{s-\mathrm{i}p}\exp(-\mathrm{i}\xi)+\frac{1+\beta+\mathrm{i}\beta}{s+\mathrm{i}p}\exp(+\mathrm{i}\xi)\right]. \tag{6.88}$$

Die zweite Korrespondenz aus Tabelle 6.7 liefert die Oberfunktion zu Gl. (6.88), zunächst allerdings in komplexer Form. Nach einigen Umformungen erhält man unter Verwendung der Eulerschen Formel

$$\exp(\pm\mathrm{i}\,\varphi)=\cos\varphi\pm\mathrm{i}\sin\varphi$$

den reellen Ausdruck

$$\vartheta(x,t)_{2,t\to\infty}$$

$$=\frac{\Delta\vartheta\exp(-\xi)}{1+2\beta+2\beta^2}\left[(1+\beta)\cos(p\,t-\xi)+\beta\sin(p\,t-\xi)\right], \tag{6.89}$$

der mit der Abkürzung

$$\varepsilon=\arctan\frac{\beta}{1+\beta} \tag{6.90}$$

und dem ersten Lösungsanteil nach Gl. (6.87) auf die Endformel für das periodisch veränderliche Temperaturfeld führt

$$\vartheta(x,t)_{t\to\infty}=\vartheta_{\mathrm{m}}+\frac{\Delta\vartheta\exp(-\xi)}{\sqrt{1+2\beta+2\beta^2}}\cos(p\,t-\varepsilon-\xi). \tag{6.91}$$

Aus Gl. (6.91) läßt sich sofort die Lösung für den Spezialfall $\alpha=\infty$ (Randbedingung 1. Art) ableiten, da hierbei wegen Gl. (6.85) $\beta=0$ und $\varepsilon=0$ gelten muß

$$\vartheta(x,t)_{t\to\infty,\,\alpha=\infty}=\vartheta_{\mathrm{m}}+\Delta\vartheta\exp(-\xi)\cos(p\,t-\xi). \tag{6.92}$$

Man ersieht aus beiden Lösungen, daß das Temperaturfeld durch eine mit wachsender Eindringtiefe x bzw. ξ stark gedämpfte Schwingung von gleicher Frequenz wie die Anregungsschwingung bestimmt ist, wobei eine mit der Eindringtiefe x bzw. ξ zunehmende Phasenverschiebung gegenüber der Anregungsschwingung auftritt. Getrennt vom Einfluß der Tiefe x wirkt der Wärmeübergangskoeffizient α auf die Amplitude und die Phasenverschiebung der Temperaturschwingung ein. Es genügt daher, wie in Bild 6.15 geschehen, das Temperaturfeld für den Spezialfall $\alpha=\infty$ darzustellen, um einen Überblick über dessen Gestalt auch im Falle $\alpha\neq\infty$ zu gewinnen.

Die Gleichung für die Einhüllende aller Wellenstrahlen erhält man aus Gl. (6.91) über die Bedingung

$$\frac{\partial \vartheta(x,t)_{t \to \infty}}{\partial t} = 0$$

zu

$$\vartheta(x,t)^*_{t \to \infty} = \vartheta_{\mathrm{m}} \pm \frac{\Delta \vartheta \exp(-\xi)}{\sqrt{1 + 2\beta + 2\beta^2}}. \tag{6.93}$$

Die zeitliche Änderung des Wärmeflußes durch die Oberfläche folgt der Beziehung

$$q(0,t) = -\lambda \left(\frac{\partial \vartheta_{t \to \infty}}{\partial x} \right)_{x=0} = \frac{b \sqrt{2\pi} \, \Delta \vartheta}{\sqrt{t_0} \sqrt{1 + 2\beta + 2\beta^2}} \cos \left(pt - \varepsilon + \frac{\pi}{4} \right) \tag{6.94}$$

mit der Wärmeeindringfähigkeit

$$b = \sqrt{\lambda \rho \, c_{\mathrm{p}}}.$$

Der hier untersuchte Modellfall beschreibt wenigstens näherungsweise bedeutsame Temperaturschwingungsvorgänge in Natur und Technik; es sei hier nur an die Beeinflussung des Erdbodens durch den tages- bzw. jahreszeitlich bedingten Gang der Umgebungstemperatur erinnert oder an die hochfrequenten Temperaturschwingungen in der Zylinderwand eines Verbrennungsmotors.

Beispiel 6.9: Im Verbrennungsraum eines Großdieselmotors (Zweitaktverfahren, $n = 120/\mathrm{min}$) führt die Gastemperatur näherungsweise eine harmonische Schwingung aus, wobei der Wärmeübergang an die Laufbüchse aus Grauguß ($\lambda = 50\,\mathrm{W/Km}$, $a = 14 \cdot 10^{-6}\,\mathrm{m^2/s}$) durch einen mittleren Wärmeübergangskoeffizienten $\alpha = 1000\,\mathrm{W/Km^2}$ bestimmt wird. Die Büchse kann für unser Beispiel als ungekühlt und sehr dickwandig angenommen werden. Gesucht ist das Verhältnis φ_0 der Amplituden von Büchsenoberflächen- und Gastemperatur, so wie die Stelle innerhalb der Büchse, bis zu der dieses Verhältnis auf $\varphi^* = 1/1000$ abgeklungen ist. Mit den angegebenen Daten folgt aus Gl. (6.85):

$$p = 2\pi n = 12{,}56/\mathrm{s}; \quad \beta = 33{,}5; \quad x = \xi \cdot \mathrm{m}/670.$$

Nach Gl. (6.91) gilt für das bezogene Amplitudenverhältnis

$$\varphi = \exp(-\xi)/\sqrt{1 + 2\beta + 2\beta^2}.$$

An der Stelle $x = \xi = 0$ ist die Temperaturschwingung bereits auf $\varphi_0 = 2{,}08\,\%$ abgesunken und der Wert $\varphi^* = 1/1000$ wird in der geringen Tiefe von

$$x = \mathrm{m} \cdot \ln(\varphi_0/\varphi^*)/670 = 4{,}53\,\mathrm{mm}$$

erreicht. Die Ergebnisse zeigen, daß sogar langsam laufende Verbrennungsmotoren unter der Voraussetzung zeitlich nahezu konstanter Wandtemperatur berechnet werden können.

Beispiel 6.10: Die an das Erdreich mit den Stoffwerten $\lambda = 0{,}6\,\text{W/Km}$ und $a = 0{,}2 \cdot 10^{-6}\,\text{m}^2/\text{s}$ angrenzende Seitenwand eines Kellerraumes reicht bis etwa $x = 2\,\text{m}$ tief unter das Umgebungsniveau. Gesucht ist das Zeitintervall Δt, um das die Erdbodentemperatur in der Tiefe x hinter dem jährlichen Gang der Umgebungstemperatur zurückbleibt, wenn diese als harmonische Schwingung mit der Periode $t_0 = 365\,\text{d}$ betrachtet wird. Der Wärmeübergangskoeffizient an der Erdoberfläche betrage im Jahresmittel $\alpha = 15\,\text{W/Km}^2$. Aus Gl. (6.85) folgt: $p = 0{,}0172/\text{d}$; $\xi = 1{,}41$; $\beta = 0{,}028$ und aus Gl. (6.90) $\varepsilon = 0{,}027$. Gemäß Gl. (6.91) erhält man die Zeitverschiebung Δt durch Nullsetzen des Arguments der Cosinusfunktion zu

$$\Delta t = (\varepsilon + \xi)/p = 83{,}5\,\text{d},$$

also fast einem Vierteljahr. Damit ist erklärt, warum sich Kellerwände im Hochsommer feucht und kühl anfühlen und zu Schimmelbildung neigen, im Winter dagegen trocken sind.

7. Wärmeexplosionen

Unter einer Wärmeexplosion verstehen wir die plötzliche Freisetzung einer Wärmemenge in einem Volumenelement, dessen Ausdehnung gegenüber den betrachteten Dimensionen der Umgebung vernachlässigt werden kann. Diese Wärmemenge kann durch rasch verlaufende chemische oder nukleare Reaktionen aufgebracht werden, sie kann aus elektrischer Arbeit (etwa bei Kurzschluß) stammen oder auch aus der Enthalpie bei Phasenumwandlungen, z.B. bei plötzlichen Kondensationsvorgängen, herrühren. Auch die Freisetzung kinetischer Energie durch Beschuß oder Meteoriteneinfall kommt als Wärmequelle in Betracht. Wir behandeln zunächst die punktförmige Wärmequelle.

In einem allseitig unendlich ausgedehnten homogenen und isotropen Medium werde zur Zeit $t=0$ an einem Punkt, dem wir die Koordinate $r=0$ geben, die Enthalpie H_0 (SI-Einheit Joule, J) freigesetzt. Gesucht ist das Temperaturfeld $\vartheta(r,t)$, wenn ϑ die Übertemperatur über die einheitliche Anfangstemperatur ($\vartheta_0=0$) bedeutet. Nach den in den Abschnitten 6.2 und 6.3 gemachten Erfahrungen verwenden wir probeweise den Ansatz

$$\vartheta(r,t)=\exp(-\xi^2)\cdot f(t) \tag{7.1}$$

mit der dimensionslosen Koordinate $\xi=r/\sqrt{4at}$.

Da keine weiteren Wärmequellen vorhanden sind, muß die Anfangsenthalpie H_0 sich in jedem Zeitpunkt als Aufheizung der Umgebung wiederfinden lassen, es muß also das Integral

$$\int_0^\infty 4\pi r^2 \rho\, c_p\, \vartheta\, \mathrm{d}r = H_0 \tag{7.2}$$

von der Zeit t unabhängig sein. Durch Einsetzen von Gl. (7.1) in Gl. (7.2) erhalten wir

$$4\pi\,\rho\, c_p (4a\,t)^{3/2} \int_0^\infty \xi^2 \exp(-\xi^2)\,\mathrm{d}\xi \cdot f(t) = H_0. \tag{7.3}$$

Damit dieser Ausdruck von der Zeit t unabhängig ist, muß

$$f(t) = C/t^{3/2}$$

sein. Da außerdem

$$\int_0^\infty \xi^2 \exp(-\xi^2)\,d\xi = \frac{\sqrt{\pi}}{4}$$

gilt, wird die Konstante

$$C = H_0/[(4\pi a)^{3/2}\,\rho\,c_p],$$

so daß wir folgende Lösung erhalten:

$$\vartheta(r,t) = \frac{H_0}{(4\pi a t)^{3/2}\,\rho\,c_p}\,\exp\left(-\frac{r^2}{4at}\right).\tag{7.4}$$

Diese Lösung erfüllt folgende Bedingungen:

$$\text{für} \quad t=0 \quad \text{und} \quad 0<r<\infty \quad \text{ist} \quad \vartheta=0$$
$$\text{für} \quad t=0 \quad \text{und} \quad r=0 \qquad\quad \text{ist} \quad \vartheta=\infty$$
$$\text{für} \quad t=\infty \qquad\qquad\qquad\quad \text{ist} \quad \vartheta=0.$$

Da wir es hier mit einem kugelsymmetrischen Problem zu tun haben, muß Gl. (7.4) auch die Differentialgleichung (6.9) mit $n=2$ erfüllen, also die Gleichung

$$\frac{\partial \vartheta}{\partial t} = a\left(\frac{\partial^2 \vartheta}{\partial r^2} + \frac{2}{r}\,\frac{\partial \vartheta}{\partial r}\right).\tag{7.5}$$

Zum Beweis gehen wir auf Gl. (6.8) zurück, die wir hier in der Form

$$\frac{\Theta}{r} = \frac{C}{4(at)^{3/2}}\,\exp\left(-\frac{r^2}{4at}\right)\tag{7.6}$$

verwenden und von der in Abschnitt 6.1 nachgewiesen wurde, daß sie eine Lösung von Gl. (6.1) ist, die hier in der Form

$$\frac{\partial \Theta}{\partial t} = a\,\frac{\partial^2 \Theta}{\partial r^2}\tag{7.7}$$

angeschrieben sei. Bilden wir mit der Funktion

$$\vartheta(r,t) = \Theta(r,t)/r$$

die in Gl. (7.5) vorkommenden Ableitungen, so erhalten wir wieder Gl. (7.7). Daher ist auch Gl. (7.4) eine Lösung von Gl. (7.5).
In ganz analoger Weise können wir auch die Temperaturverteilung $\vartheta(r,t)$ um eine zylindrische Wärmequelle der Länge l berechnen, in der plötzlich die Enthalpie H_0 freigesetzt wird. An die Stelle von Gl. (7.2)

tritt hier das Integral

$$\int_0^\infty 2\pi\, r\, l\, \rho\, c_p\, \vartheta\, \mathrm{d}r = H_0. \tag{7.8}$$

Der Ansatz von Gl. (7.1) liefert die Gleichung

$$8\pi\, \rho\, c_p\, a\, t \int_0^\infty \xi \exp(-\xi^2)\, \mathrm{d}\xi \cdot f(t) = H_0/l. \tag{7.9}$$

Damit dieser Ausdruck von t unabhängig wird, muß $f(t) = C/t$ werden. Mit

$$\int_0^\infty \xi \exp(-\xi^2)\, \mathrm{d}\xi = \tfrac{1}{2}$$

erhält man für die Konstante

$$C = \frac{H_0/l}{4\pi\, a\, \rho\, c_p}$$

und damit als Lösung

$$\vartheta(r,t) = \frac{H_0/l}{4\pi\, a\, t\, \rho\, c_p} \exp\left(-\frac{r^2}{4\, a\, t}\right). \tag{7.10}$$

Durch Einsetzen dieser Funktion in Gl. (6.9) mit $n=1$ überzeugt man sich davon, daß Gl. (7.10) eine Lösung des hier vorliegenden Zylinderproblems ist.

Für eine Wärmequelle, die in einer Ebene mit der Fläche $2f$ plötzlich die Enthalpie H_0 freisetzt, erhält man entsprechend

$$\vartheta(r,t) = \frac{H_0/f}{(4\pi\, a\, t)^{1/2}\, \rho\, c_p} \exp\left(-\frac{r^2}{4\, a\, t}\right). \tag{7.11}$$

Hierin ist $H_0/2$ die in einen Halbraum abströmende Wärmemenge und r der Abstand von der Ebene der Quelle. Gleichung (7.11) entspricht der Grundlösung Gl. (6.7).

Die drei Lösungen der Gln. (7.4), (7.10) und (7.11) lassen sich auch in folgende einheitliche dimensionslose Form bringen:

$$\frac{\pi^{1/2}\, \vartheta\, \rho\, c_p\, r}{H_0/f} = \xi \exp(-\xi^2) \qquad \text{(Platte)}, \tag{7.12}$$

$$\frac{\pi\, \vartheta\, \rho\, c_p\, r^2}{H_0/l} = \xi^2 \exp(-\xi^2) \qquad \text{(Zylinder)}, \tag{7.13}$$

$$\frac{\pi^{3/2}\,\vartheta\rho\,c_p\,r^3}{H_0} = \xi^3 \exp(-\xi^2) \quad \text{(Kugel)}. \tag{7.14}$$

Es ist überall $\xi = r/\sqrt{4at}$. Die drei auf den rechten Seiten auftretenden Funktionen sind in Bild 6.1 dargestellt.

Beispiel 7.1: Eine als halbunendlicher Körper zu betrachtende dicke Stahlplatte mit den Stoffwerten $a = 15 \cdot 10^{-6}\,\text{m}^2/\text{s}$ und $\rho\,c_p = 3900\,\text{kJ/Km}^3$ werde von einem Projektil der Masse $m = 10\,\text{g}$ mit der Geschwindigkeit $w = 500\,\text{m/s}$ getroffen. Unter der vereinfachenden Annahme, daß sich das Geschoß deformiert, ohne in die Platte einzudringen und dabei seine gesamte kinetische Energie von $mw^2/2 = 1{,}25\,\text{kJ}$ durch Wärmeleitung an diese abgibt, läßt sich das Temperaturfeld nach Gl. (7.4) berechnen, sofern wir noch von der räumlichen Ausdehnung des Aufschlagsorts absehen können und beachten, daß für die in einen Halbraum abgegebene Energie $H_0/2 = 1{,}25\,\text{kJ}$ gelten muß. Mit den angegebenen Stoffwerten erhalten wir aus Gl. (7.4)

$$\vartheta(r,t) = 248\,t^{-1,5}\exp(-\xi^2)\,\text{K}\,\text{s}^{1,5} \tag{7.15}$$

mit $\xi^2 = r^2/(4\,at)$. Die Temperaturverteilung entspricht der typischen Glockenkurve. Die Temperatur in jedem Punkt durchläuft ein Maximum, das zur Zeit $t_\text{m} = r^2/(6a)$ auftritt (Bild 7.1).

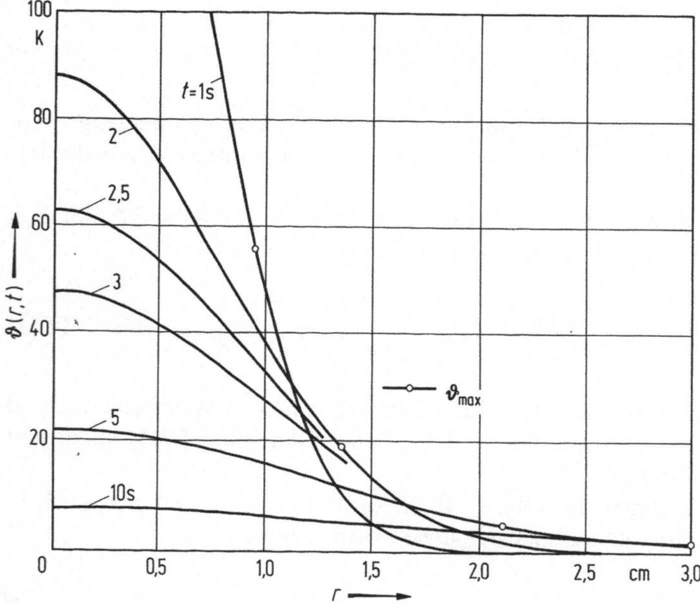

Bild 7.1. Temperaturverteilung $\vartheta(r, t)$ um eine punktförmige momentane Wärmequelle (vgl. Beispiel)

8. Kontinuierliche Wärmequellen

Wir betrachten einen unendlich ausgedehnten homogenen und isotropen Körper. An der Stelle $r=0$ befindet sich eine kontinuierliche Wärmequelle, die den Wärmestrom $\Phi(\tau)$ abgibt (SI-Einheit Watt, W). Dann ist $\Phi(\tau)\,\mathrm{d}\tau$ die in der Zeit von $t=\tau$ bis $t=\tau+\mathrm{d}\tau$ abgegebene Wärmemenge, die ein Temperaturfeld gemäß Gl. (7.4) erzeugt. Wegen der Linearität der Fourier-Gleichung überlagern sich diese Felder additiv, so daß wir bei der kontinuierlichen Wärmequelle folgende Lösung erhalten:

$$\vartheta(r,t)=\frac{1}{(4\pi a)^{3/2}\,\rho\,c_p}\cdot\int_0^t \Phi(\tau)\exp\left(-\frac{r^2}{4a(t-\tau)}\right)\frac{\mathrm{d}\tau}{(t-\tau)^{3/2}}. \qquad (8.1)$$

Mit Hilfe der Substitution

$$\varphi=\frac{r}{\sqrt{4a(t-\tau)}} \quad\text{und damit}\quad \mathrm{d}\varphi=\frac{r\,\mathrm{d}\tau}{4\sqrt{a}(t-\tau)^{3/2}}$$

erhält man die Beziehung

$$\vartheta(r,t)=\frac{1}{2\pi^{3/2}\lambda r}\cdot\int_{r/\sqrt{4at}}^{\infty}\Phi(\tau)\exp(-\varphi^2)\,\mathrm{d}\varphi. \qquad (8.2)$$

Für eine Wärmequelle konstanter Ergiebigkeit Φ wird dann

$$\vartheta(r,t)=\frac{\Phi}{4\pi\lambda r}\,\mathrm{erfc}\left(\frac{r}{\sqrt{4at}}\right) \qquad (8.3)$$

mit der Funktion $\mathrm{erfc}(\xi)$ nach Gl. (6.23). Gleichung (8.3) beschreibt das Temperaturfeld um eine **punktförmige** konstante Wärmequelle vom Beginn des Einschaltens an. Für $t\to\infty$ erhalten wir den stationären Wärmestrom

$$\Phi=4\pi r\lambda\vartheta \qquad (8.4)$$

in Übereinstimmung mit Gl. (3.10), wenn ϑ die Übertemperatur über die Umgebung auf dem Radius r bedeutet.

Das Temperaturfeld um eine kontinuierliche **zylindrische** Wärmequelle mit dem auf die Länge l bezogenen Wärmestrom $\Phi(\tau)/l$ erhalten wir durch Integration von Gl. (7.10)

$$\vartheta(r,t)=\frac{1}{4\pi\lambda}\int\limits_0^t\frac{\Phi(\tau)}{l}\exp\left(-\frac{r^2}{4a(t-\tau)}\right)\frac{\mathrm{d}\tau}{(t-\tau)}. \tag{8.5}$$

Mit der Substitution

$$\chi=\frac{r^2}{4a(t-\tau)}\quad\text{und damit}\quad\frac{\mathrm{d}\tau}{t-\tau}=\frac{4a(t-\tau)\,\mathrm{d}\chi}{r^2}=\frac{\mathrm{d}\chi}{\chi}$$

wird für konstanten Wärmestrom $\Phi/l=\Phi_l$

$$\vartheta(r,t)=\frac{\Phi_l}{4\pi\lambda}\cdot\int\limits_{r^2/(4at)}^{\infty}\exp(-\chi)\frac{\mathrm{d}\chi}{\chi}=-\frac{\Phi_l}{4\pi\lambda}\,\mathrm{Ei}\left(-\frac{r^2}{4at}\right). \tag{8.6}$$

Darin ist

$$-\mathrm{Ei}(-x)=\int\limits_x^{\infty}\exp(-u)\frac{\mathrm{d}u}{u}$$

das Exponentialintegral, welches in Tabelle G.2 des Anhangs wiedergegeben ist.[1]

Analog findet man das Temperaturfeld um eine kontinuierliche Wärmequelle der Heizleistung $\Phi(\tau)$ in einer **Ebene** mit der Fläche $2f$ durch Integration von Gl. (7.11):

$$\vartheta(r,t)=\frac{1}{(4\pi a)^{1/2}\,\rho\,c_p}\cdot\int\limits_0^t\frac{\Phi(\tau)}{f}\exp\left(-\frac{r^2}{4a(t-\tau)}\right)\frac{\mathrm{d}\tau}{(t-\tau)^{1/2}}. \tag{8.7}$$

Wir verwenden abermals die Substitution

$$\varphi=\frac{r}{\sqrt{4a(t-\tau)}}\quad\text{bzw.}\quad\mathrm{d}\varphi=\frac{r\,\mathrm{d}\tau}{4\sqrt{a}\,(t-\tau)^{3/2}}$$

und erhalten für konstanten Wärmestrom Φ den Ausdruck

$$\vartheta(r,t)=\frac{r\,\Phi}{2f\lambda\sqrt{\pi}}\cdot\int\limits_{r/\sqrt{4at}}^{\infty}\exp(-\varphi^2)\frac{\mathrm{d}\varphi}{\varphi^2}$$

$$=\frac{r}{\lambda}\frac{\Phi}{2f}\left(\frac{\sqrt{4at}}{r}\frac{1}{\sqrt{\pi}}\exp\left(-\frac{r^2}{4at}\right)-\mathrm{erfc}\left(\frac{r}{\sqrt{4at}}\right)\right). \tag{8.8}$$

Beispiel 8.1: In einem stromdurchflossenen Draht, der ausgespannt in Kunststoff (z.B. PVC) mit den Stoffgrößen ρ, c_p und λ eingebettet ist, wird, beginnend zum Zeitpunkt $t=0$, der auf die Länge bezogene konstante Wärmestrom Φ_l freigesetzt. In der Entfernung r von der Drahtachse (r sei wesentlich größer als der Drahtdurchmesser) läßt sich die Temperatur des Kunststoffs mit Hilfe eines sehr dünnen, ebenfalls eingegossenen Ther-

---

[1] Die Funktion $-\mathrm{Ei}(-x)$ wird in der Literatur auch durch das Symbol $\mathrm{E}_1(x)$ gekennzeichnet.

moelements als Funktion der Einschaltdauer t messen. Um das Experiment mit der näherungsweise gültigen Theorie für die kontinuierliche zylindrische Wärmequelle nach Gl. (8.6) vergleichen zu können, soll die bezogene Temperatur

$$\Theta = 4\pi\,\lambda\,\vartheta(r,t)/\Phi_l$$

über der bezogenen Zeit

$$Fo = at/r^2 = \lambda t/(\rho\,c_p\,r^2)$$

in Diagrammform dargestellt werden. Bild 8.1 zeigt die mit Hilfe von Tabelle G.2 des Anhangs ermittelte Funktion

$$\Theta = -\mathrm{Ei}(-1/(4Fo)).$$

Wenn von den Stoffgrößen nur ρ und c_p bekannt sind, nicht aber die Wärmeleitfähigkeit λ, errechnet man aus jedem Meßwertpaar ϑ_i und t_i über einen Schätzwert für λ die bezogenen Daten Θ_i und Fo_i und trägt diese punktweise in Bild 8.1 ein. Der physikalisch richtige λ-Wert ist dann gefunden, wenn die Meßpunkte möglichst gut auf der theoretisch ermittelten Kurve liegen

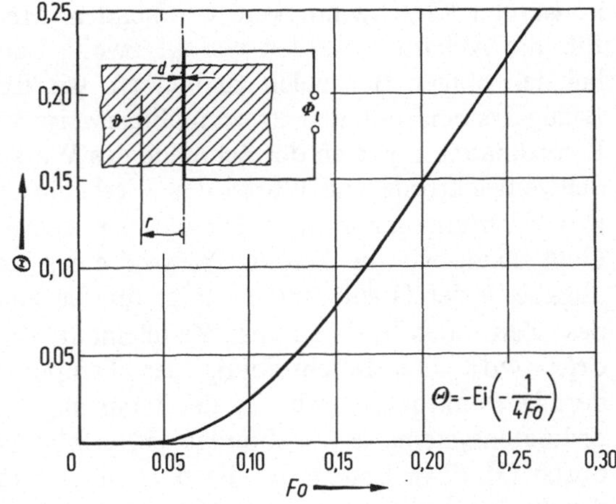

Bild 8.1. Zeitlicher Temperaturverlauf im Abstand r von einer kontinuierlichen zylindrischen Wärmequelle

9. Wandernde Wärmequellen

In Abschnitt 7 hatten wir die Temperaturfelder $\vartheta(r, t)$ um punktförmige, linienförmige und ebene Wärmequellen bestimmt. H_0 war dabei immer die gesamte, zum Zeitpunkt $t=0$ plötzlich freigesetzte Enthalpie am Ort $r=0$ (Wärmeexplosion).

Eine Reihe wichtiger technologischer Prozesse, wie die spanabhebende Bearbeitung oder das Schweißen, lassen sich wärmetechnisch näherungsweise mit Hilfe der Modellvorstellung berechnen, daß entweder eine Wärmequelle bestimmter Ausdehnung durch ein ruhendes Medium wandert, oder eine feststehende Wärmequelle von einem mit konstanter Geschwindigkeit strömenden Medium überstrichen wird. Für die Ableitung wählen wir die zweite Betrachtungsweise, d.h., um bei den obigen Beispielen zu bleiben, wir fixieren den Ursprung des Bezugssystems mit den zweckmäßigerweise rechtwinkelig orientierten Koordinaten x, y, z an der Schneide des Werkzeugs oder der Spitze der Schweißelektrode und führen das Werkstück mit der Geschwindigkeit w in Richtung der somit bevorzugten x-Achse daran vorbei.

Geht man, wie in Kapitel 8, von einer konstanten Wärmestromabgabe Φ der Quelle aus, so folgt für die zum Zeitpunkt τ innerhalb des Zeitraums $0 \leqq \tau \leqq t$ im Zeitelement $\mathrm{d}\tau$ freigesetzte Enthalpie: $\mathrm{d}H_0 = \Phi\,\mathrm{d}\tau$. Die Beschreibung des Temperaturfeldes um eine wandernde Punktquelle, mit der der Ursprung eines rechtwinkeligen Koordinatensystems fest verbunden ist, erfolgt nach zwei Abänderungen durch Gl. (7.4). Erstens ist die dort mit t bezeichnete Wirkungsdauer durch den verkürzten Zeitabschnitt $t-\tau$ zu ersetzen, und zweitens muß der Radiusvektor r, da gemäß Ableitung der Gl. (7.4) vom jeweiligen Ort der Wärmeexplosion aus orientiert, als Funktion der Koordinaten x, y, z des ruhenden Bezugssystems durch folgende Beziehung dargestellt werden:

$$r^2 = [x - w(t-\tau)]^2 + y^2 + z^2 .$$

Setzen wir in Gl. (7.4) noch $\mathrm{d}H_0 = \Phi\,\mathrm{d}\tau$ anstelle von H_0 ein, so folgt der Ausdruck

$$\mathrm{d}\vartheta = \frac{\Phi\,\mathrm{d}\tau}{[4\pi a(t-\tau)]^{3/2}\,\rho\,c_p} \exp\left(-\frac{[x - w(t-\tau)]^2 + y^2 + z^2}{4a(t-\tau)}\right).$$

Das gesuchte Temperaturfeld $\vartheta(x, y, z, t)$ zum Zeitpunkt t erhält man nach Überlagerung aller infinitesimalen Temperaturfelder, die im Intervall $0 \leq \tau \leq t$ durch eine Kette von Wärmeexplosionen mit jeweils dem Enthalpiebetrag $\mathrm{d}H_0 = \Phi\,\mathrm{d}\tau$ ausgelöst wurden, in Gestalt eines Integrals. Mit der Abkürzung $R^2 = x^2 + y^2 + z^2$ und der Substitution

$$\varphi = \frac{R}{\sqrt{4a(t-\tau)}} \quad \text{und damit} \quad \mathrm{d}\varphi = \frac{R\,\mathrm{d}\tau}{4\sqrt{a}\,(t-\tau)^{3/2}}$$

erhält man die Beziehung

$$\vartheta(x, y, z, t) = \frac{\Phi}{2R\lambda\pi^{3/2}} \exp\left(\frac{wx}{2a}\right) \int_{R/\sqrt{4at}}^{\infty} \exp\left(-\varphi^2 - \frac{w^2 R^2}{16a^2\,\varphi^2}\right)\mathrm{d}\varphi. \tag{9.1}$$

Für $t \to \infty$ wird das Temperaturfeld stationär und der Integralausdruck (9.1) liefert mit der Untergrenze $\varphi = 0$ die einfache Formel

$$\vartheta(x, y, z) = \frac{\Phi}{4\pi\lambda R} \exp\left(-\frac{w}{2a}(R-x)\right). \tag{9.2}$$

Mit Hilfe der folgenden dimensionslosen Größen

$$\left.\begin{aligned}
\Theta &= \frac{4\pi\lambda a\vartheta}{w\Phi} \\[1ex]
\xi &= wx/a \\
\eta &= wy/a \\
\zeta &= wz/a \\
\gamma^2 &= \eta^2 + \zeta^2
\end{aligned}\right\} \tag{9.3}$$

lautet diese Lösung

$$\Theta(\xi, \eta, \zeta) = \frac{\exp\left(-0{,}5\left(\sqrt{\xi^2 + \gamma^2} - \xi\right)\right)}{\sqrt{\xi^2 + \gamma^2}}. \tag{9.4}$$

In Bild 9.1 ist das Temperaturfeld nach Gl. (9.4) in der ξ, η-Ebene ($\zeta = 0$) für drei Isothermen $\Theta(\xi, \eta, 0) = \mathrm{const}$ dargestellt.
Auf analoge Weise findet man, ausgehend von Gl. (7.10) für das stationäre Temperaturfeld um eine in der y-Achse liegende zylindrische Wärmequelle mit der auf die Länge l bezogenen Wärmeleistung $\Phi_l = \Phi/l$ die Beziehung

$$\vartheta(x, z) = \frac{\Phi_l}{2\pi\lambda} \exp\left(\frac{wx}{2a}\right) \mathrm{K}_0\left(\frac{w}{2a}\sqrt{x^2 + z^2}\right). \tag{9.5}$$

K_0 ist die modifizierte Besselfunktion der 2. Art, für die in Tabelle G.3 des Anhangs einige Zahlenwerte angegeben sind.

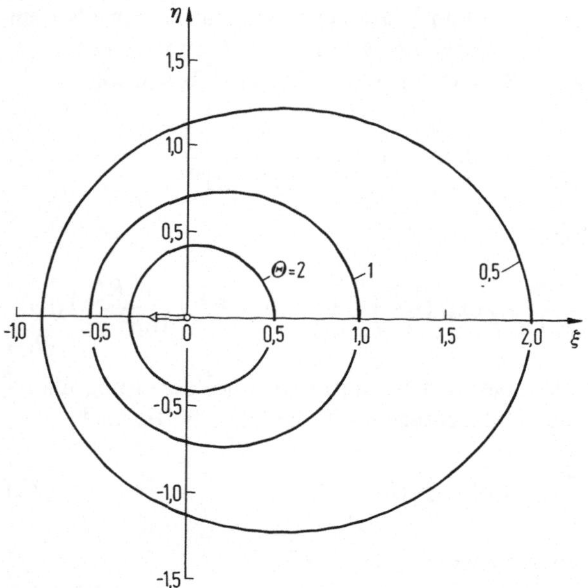

Bild 9.1. Temperaturfeld um eine nach links bewegte Punktquelle

Mit der bezogenen Temperatur für die bewegte Linienquelle

$$\Theta_l = \frac{2\pi \lambda \vartheta}{\Phi_l} \tag{9.6}$$

erhält man das Temperaturfeld in dimensionsloser Form:

$$\Theta(\xi, \zeta)_l = \exp(\xi/2)\, K_0 \left(\tfrac{1}{2}\sqrt{\xi^2 + \zeta^2}\right). \tag{9.7}$$

Schließlich läßt sich mit Gl. (7.11) noch das stationäre Temperaturfeld um eine in der Ebene $y = z = 0$ liegende ebene Wärmequelle berechnen, die den konstanten Wärmestrom Φ über die Gesamtfläche $2f$ einspeist:

$$\vartheta(x) = \begin{cases} \dfrac{\Phi}{f\rho c_p w} & \text{für } x \geqq 0 \\[2ex] \dfrac{\Phi}{f\rho c_p w}\exp\left(\dfrac{wx}{a}\right) & \text{für } x < 0. \end{cases} \tag{9.8}$$

Setzt man für die bezogene Temperatur der bewegten Flächenquelle

$$\Theta_f = \frac{f\rho c_p w \vartheta}{\Phi}, \tag{9.9}$$

so lautet die Gleichung für das Temperaturfeld

$$\Theta(\xi)_f = 1 \qquad \text{für} \quad \xi \geq 0$$
$$\Theta(\xi)_f = \exp(\xi) \qquad \text{für} \quad \xi < 0. \tag{9.10}$$

In Bild 9.2 sind die bezogenen Temperaturen für die bewegte Punkt-, Linien- und Flächenquelle nach den Gln. (9.4), (9.7) und (9.10) über der ξ-Koordinate aufgetragen, wobei in Gl. (9.4) mit $\gamma = 0$ und in Gl. (9.7) mit $\zeta = 0$ speziell die Temperaturwerte $\Theta(\xi, 0, 0)$ bzw. $\Theta(\xi, 0)_l$ auf der ξ-Achse herausgegriffen wurden.

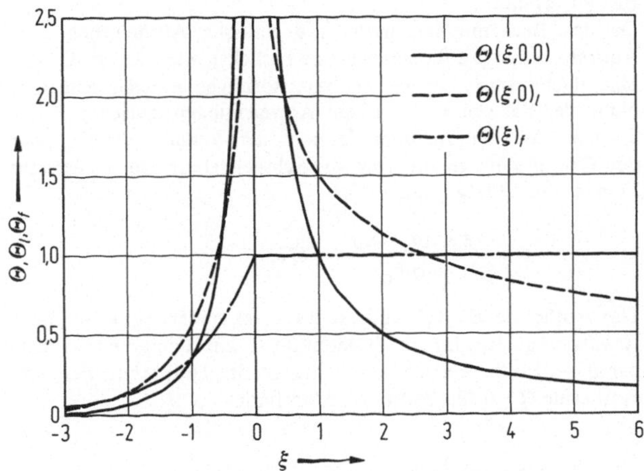

Bild 9.2. Temperaturverteilung über der ξ-Achse für die nach links bewegte Punkt-, Linien- und Flächenquelle

Beispiel 9.1: Auf die ebene Oberfläche eines dicken Stahlklotzes. wurde mit einer Mantelelektrode von 3,25 mm Drahtdurchmesser eine Raupe aufgeschweißt. Die Stromstärke betrug $I = 140$ A, die Lichtbogenspannung (Gleichstrom) $U = 25$ V, woraus sich die elektrische Gesamtleistung zu $\Phi_E = 3,5$ kW errechnet. Nach [9.1] kann überschlägig angenommen werden, daß davon der Anteil $\varphi = 0,80$ vom Werkstück aufgenommen wird. Aus [9.1] geht ferner hervor, daß bei der Berechnung von Schweißvorgängen die Stoffgrößen des geschweißten Stahles bei 400 °C einzugeben sind. Für den verwendeten unlegierten Stahl lauten diese:

$$\rho = 7730 \, \text{kg/m}^3, \qquad \lambda = 45 \, \text{W/Km}, \qquad c = 600 \, \text{J/kg K}, \qquad a = 9{,}6 \cdot 10^{-6} \, \text{m}^2/\text{s},$$

Schmelztemperatur $\vartheta_s \approx 1470$ °C. Die Schweißgeschwindigkeit betrug $w = 3,3$ mm/s, wobei sich eine etwa 10 mm breite Raupe bildete. Die Anfangstemperatur des Werkstücks war $\vartheta_0 \approx 20$ °C. Gesucht sind die rechnerische Raupenbreite und die Breite der Gefügeveränderungszone.
Faßt man den Lichtbogen als wandernde Punktquelle auf einem halbunendlich ausgedehnten Körper auf, so können die Gln. (9.2) bis (9.4) herangezogen werden, wenn $\Phi = 2\varphi\Phi_E$ gesetzt wird. Auf der Oberfläche des Werkstücks (der ξ-Ebene) wird das

Temperaturfeld im mitbewegten Koordinatensystem durch Gl. (9.4) mit $\gamma = \eta$ beschrieben (siehe auch Bild 9.1). Zur Isothermenberechnung setzen wir

$$\sqrt{\xi^2 + \eta^2} = \mu$$

und formen Gl. (9.4) um:

$$\xi = \mu + 2\ln(\mu\,\Theta). \qquad (9.11)$$

Bei vorgegebenem Isothermenwert Θ und vorgegebenem Radius μ um den Nullpunkt erhält man aus Gl. (9.11) den zugehörigen Abszissenwert ξ und aus

$$\eta = \sqrt{\mu^2 - \xi^2}$$

den entsprechenden Ordinatenwert η. (Nach diesem Schema wurden auch die Daten für Bild 9.1 ermittelt.)

Da das Rechenmodell weder die endliche Ausdehnung des Lichtbogens, noch das Auftreten einer Verflüssigungszone berücksichtigt, ferner die Raupe im Schnitt mehr wie eine flache Linse als ein halbkreisförmiger Bereich erscheint, sind in unmittelbarer Nähe der Schweißnaht größere Abweichungen zwischen Theorie und Wirklichkeit zu erwarten. Wir unternehmen dennoch den Versuch, die Raupenbreite zu berechnen, d.h. den Ort, an dem gerade noch die Schmelztemperatur ϑ_S erreicht wird. Für die bezogene Temperatur Θ folgt dann

$$\Theta = \frac{4\pi\,\lambda\,a(\vartheta_\mathrm{S} - \vartheta_0)}{2w\varphi\,\Phi_\mathrm{E}} = 0{,}426.$$

Die Isotherme $\Theta = 0{,}5$ in Bild 9.1 zeigt näherungsweise die Gestalt der wandernden Erwärmungszone, innerhalb deren $\vartheta > \vartheta_\mathrm{S}$ gilt. Die halbe Raupenbreite — im Experiment 5 mm — ist theoretisch durch die größte Halbbreite des eiförmigen Bereichs für die Isotherme $\Theta = 0{,}426$ bestimmt. Man findet

$$\eta_{\max} = \frac{w}{a}\,y_{\max}$$

iterativ aus Gl. (9.11) durch Vorgabe verschiedener Schätzwerte für den Radius μ, wobei Bild 9.1 Anhaltswerte liefern kann. Das Ergebnis lautet:

$$\eta_{\max} = 1{,}37 \quad \text{bei} \quad \xi = 0{,}67; \quad y_{\max} = 4\,\text{mm}.$$

Dieser Wert liegt überraschend gut, da das Experiment aufgrund der linsenförmigen Raupe eine größere Breite liefern muß!

Stähle erfahren beim Schweißen Gefügeänderungen in Bereichen, die über 400 °C erwärmt worden sind. Mit $\vartheta = 400\,°\mathrm{C} - \vartheta_0 = 380\,\mathrm{K}$ folgt nach obigem Berechnungsschema: $\Theta = 0{,}112$; $\eta_{\max} = 3{,}23$ bei $\xi = 3{,}1$; $y_{\max} \approx 10\,\text{mm}$. Im vorliegenden Fall erstreckt sich die Zone der Gefügeveränderungen also über etwa zwei Raupenbreiten.

10. Nichtstationäre mehrdimensionale Wärmeleitung

In den Abschnitten 6.3 und 6.6 sind die Funktionen für den Temperaturverlauf im halbunendlichen Körper, in der ebenen Platte, im Zylinder und in der Kugel unter der Voraussetzung abgeleitet worden, daß sich diese Körper zur Zeit $t=0$ auf der einheitlichen Temperatur ϑ_c befinden und die Temperatur eines sie umgebenden Fluids für alle Zeiten $t>0$ auf dem konstanten Wert $\vartheta_\infty=0$ gehalten wird. Im allgemeinen Fall soll zwischen Fluid und Körperoberfläche ein konstanter Wärmeübergangskoeffizient α vorgeschrieben sein (Randbedingung 3. Art). Hinsichtlich der ersten drei der genannten Körper gelten die mitgeteilten Lösungen zunächst unter der Voraussetzung unendlich weiter Ausdehnung senkrecht zur Richtung des Wärmestroms. Denkt man sich auf die Oberfläche des halbunendlichen Körpers oder der Platte eine Kontur aufgezeichnet — sie mag geschlossen sein oder ins Unendliche verlaufen — und dann senkrecht zur Oberfläche, längs dieser Linie einen Schnitt in die Tiefe geführt, wobei die entstehenden Schnittflächen adiabat sein sollen, so gelten die genannten Lösungen exakt auch für die herauspräparierten Teilkörper.
Ein Schnitt senkrecht zur Oberfläche eines Zylinders oder einer Kugel längs einer beliebigen Kontur soll senkrecht durch die Achse, bzw. durch den Mittelpunkt gehen; sind die entstehenden Schnittflächen adiabat, so gilt auch hier die entsprechende Lösung nach Abschnitt 6.6. Wir betrachten jetzt eine spezielle Gruppe solcher durch Orthogonalschnitte erzeugbarer Teilkörper und zwar alle diejenigen, welche bei gegenseitiger rechtwinkliger Durchdringung von zwei oder auch drei der vier Grundformen (halbunendlicher Körper, ebene Platte, unendlich langer Zylinder und Kugel) erzeugt werden können. Zusätzlich fordern wir, daß die im Falle eindimensionaler nichtstationärer Wärmeleitung in den Grundformen festliegenden Richtungen der Wärmeflußvektoren bei den Kombinationsmodellen wechselseitig aufeinander senkrecht stehen. Diese zweite Forderung erlaubt zwei Verknüpfungen mit der Zylindergeometrie, aber keine mit der Kugel! Bild 10.1a bis i und Tabelle 10.1 zeigen bzw erläutern die neun möglichen Teilkörper bzw. Kombinationsmodelle.
Läßt man jetzt auch auf den Schnittflächen Wärmeaustausch mit einem Fluid der Temperatur $\vartheta_\infty=0$ zu und setzt einheitliche Anfangstemperatur ϑ_c voraus, so bildet sich ein zwei- oder dreidimensionales nichtsta-

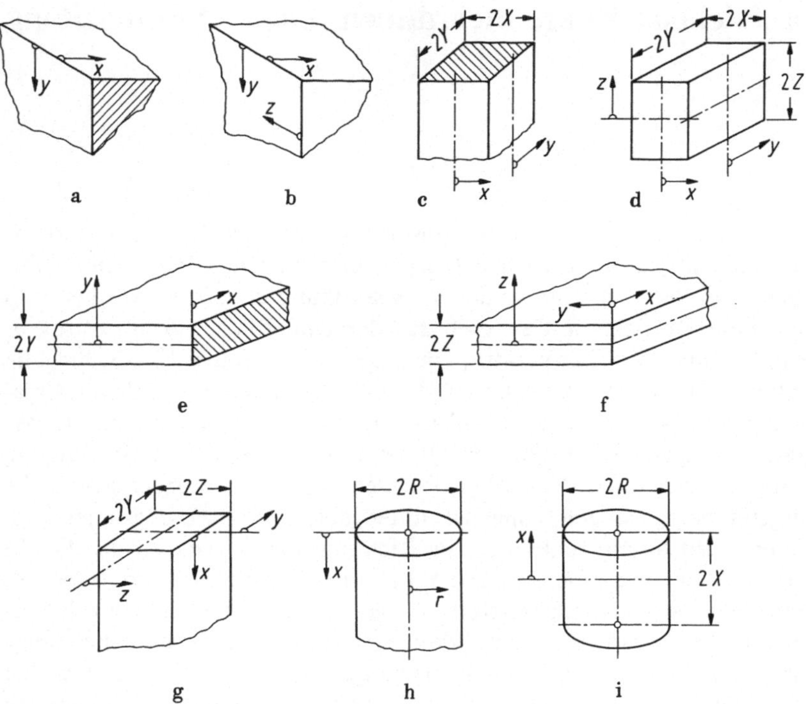

Bild 10.1a–i.
Modelle zur mehrdimensionalen Wärmeleitung (Adiabate Flächen sind schraffiert)

Tabelle 10.1. Modelle zur mehrdimensionalen Wärmeleitung (H: halbunendlicher Körper,
P: ebene Platte, Z: unendlich langer Zylinder)

Bild-nummer	Grundkörper-Kombinationen	Modellcharakterisierung
10.1a	H/H	rechtwinklige Kante eines großen Körpers
10.1b	H/H/H	rechtwinklige Ecke eines großen Körpers
10.1c	P/P	langes Prisma mit Rechteckquerschnitt
10.1d	P/P/P	Rechtkant oder Quader
10.1e	H/P	einseitig abgeschnittene ebene Platte
10.1f	H/H/P	zweiseitig rechtwinklig abgeschnittene ebene Platte
10.1g	H/P/P	einseitig abgeschnittenes Prisma mit Rechteckquerschnitt
10.1h	H/Z	einseitig abgeschnittener Zylinder
10.1i	P/Z	Zylinder endlicher Länge

tionäres Temperaturfeld aus, dessen Beschreibung mit Hilfe der schon bekannten eindimensionalen Lösungen auf einfache Weise möglich ist. Der Temperaturausgleich im Inneren oder auf den Oberflächen der neuen Modelle läßt sich als Produkt der Einzellösungen (Gl. (6.38) bzw. (6.44) für die Platte, Gl. (6.39) bzw. (6.45) für den Zylinder und Gl. (6.47) für den halbunendlichen Körper) berechnen [6.2]. Dabei bedeuten X, Y, Z die halben Dicken ebener Platten, R den Halbmesser eines Zylinders und x, y, z, r die entsprechenden Innenkoordinaten; beim halbunendlichen Körper werden letztere ebenfalls mit x, y, z bezeichnet.

Wir verifizieren diese Behauptung anhand des Rechteckprismas nach Bild 10.1c, dessen Temperaturfeld der Differentialgleichung nach Fourier (1.4) in der Form

$$\frac{\partial \vartheta}{\partial t} = a \left(\frac{\partial^2 \vartheta}{\partial x^2} + \frac{\partial^2 \vartheta}{\partial y^2} \right)$$

genügen muß.

Behauptet wird, daß das Produkt der Einzellösungen für zwei ebene Platten mit den Dicken $2X$ und $2Y$ obige Differentialgleichung erfüllt. Die Einzellösungen sollen formal durch die Ausdrücke

$$\vartheta(x, t) = \Phi \left(\frac{x}{X}, \frac{a\,t}{X^2} \right) \quad \text{und} \quad \vartheta(y, t) = \psi \left(\frac{y}{Y}, \frac{a\,t}{Y^2} \right)$$

gegeben sein. Die Produktlösung lautet dann

$$\vartheta(x, y, t) = \Phi \psi.$$

Bezeichnen Φ_t, Φ_{xx}, ψ_t und ψ_{yy} die entsprechenden Differentiationen nach der Zeit (1. Ableitung) und dem Ort (2. Ableitung), so folgt

$$\Phi_t \psi + \Phi \psi_t = a(\Phi_{xx} \psi + \Phi \psi_{yy}).$$

Diese Gleichung ist erfüllt, da die Einzellösungen für sich der eindimensionalen Differentialgleichung nach Fourier genügen:

$$\Phi_t = a \Phi_{xx} \quad \text{und} \quad \psi_t = a \psi_{yy}.$$

Bemerkenswerterweise dürfen für jede in die Kombination eingehende Grundform andere Fourier- und Biot-Zahlen in den Einzellösungen auftreten; man kann also auf jeder Oberfläche verschiedene Werte für den Wärmeübergangskoeffizienten vorgeben. Bei der ebenen Platte sind zwei Ausnahmen zu beachten: Entweder muß die Biot-Zahl auf beiden gegenüberliegenden Oberflächen den gleichen Wert haben, oder sie nimmt auf einer Seite den Wert Null an (adiabate Fläche). Im letzten Fall ist in die Kennzahlen Fo und Bi die ganze Plattendicke als kennzeichnende Länge einzusetzen; außerdem ergeben sich dabei Untervarianten zu den in Bild 10.1a bis i und Tabelle 10.1 erklärten Modellkörpern.

Der Berechnungsgang bei mehrdimensionalen Temperaturausgleichsvorgängen soll an einem praktischen Beispiel vorgeführt werden.

Beispiel 10.1: Gegeben ist ein Zylinder mit dem Durchmesser $2R=0,6$ m und der Höhe $2X=0,5$ m aus Chromnickelstahl. Die Stoffgrößen betragen $\lambda=14,5$ W/Km und $a=3,85\cdot10^{-6}$ m²/s. Gesucht sind die bezogenen Übertemperaturen in der Mitte und auf den Oberflächen des Zylinders zur Zeit $t=1,5$ h (5400 s) nach sprunghafter Änderung der Umgebungstemperatur. Auf den Stirnflächen sei der Wärmeübergangskoeffizient $\alpha=40$ W/Km² gegeben und für die Mantelfläche gelte der Wärmeübergangskoeffizient $\alpha_R=60$ W/Km². Mit diesen Werten werden folgende Kenngrößen gebildet:

$$Fo=at/X^2=0,333, \qquad Bi=\alpha X/\lambda=0,690,$$

$$Fo_R=at/R^2=0,231, \qquad Bi_R=\alpha_R R/\lambda=1,242.$$

Wie in Abschnitt 6.7 ausgeführt, können für $Fo\geq0,24$ (Platte) und $Fo_R\geq0,21$ (Zylinder) die Näherungslösungen (6.41) und (6.42) verwendet werden. Man erhält nach Interpolation in Tabelle 6.2 für die bezogenen Übertemperaturen ϑ_m/ϑ_c und ϑ_w/ϑ_c in der Mitte und auf der Oberfläche einer ebenen Platte von der Dicke $2X$ (zusätzlicher Index P)

$$\vartheta_{mP}/\vartheta_c=0,905, \qquad \vartheta_{wP}/\vartheta_c=0,665,$$

sowie nach Interpolation in Tabelle 6.3 für die entsprechenden Übertemperaturen des Zylinders mit dem Radius R (zusätzlicher Index Z)

$$\vartheta_{mZ}/\vartheta_c=0,812, \qquad \vartheta_{wZ}/\vartheta_c=0,476.$$

Aus diesen vier bezogenen Übertemperaturen lassen sich durch Produktbildung für den Zylinder endlicher Länge die bezogenen Übertemperaturen in der Mitte

$$\Theta_1=\frac{\vartheta_{mP}}{\vartheta_c}\cdot\frac{\vartheta_{mZ}}{\vartheta_c}=0,735,$$

im Mittelpunkt der Stirnflächen

$$\Theta_2=\frac{\vartheta_{wP}}{\vartheta_c}\cdot\frac{\vartheta_{mZ}}{\vartheta_c}=0,540,$$

auf der Randlinie der Stirnflächen

$$\Theta_3=\frac{\vartheta_{wP}}{\vartheta_c}\cdot\frac{\vartheta_{wZ}}{\vartheta_c}=0,316$$

sowie in der Mitte der Zylindermantelfläche

$$\Theta_4=\frac{\vartheta_{mP}}{\vartheta_c}\cdot\frac{\vartheta_{wZ}}{\vartheta_c}=0,430$$

berechnen.

Die Produktlösungen für das Temperaturfeld gelten auch in jedem beliebigen Punkt im Inneren eines Körpers, sie sind ferner nicht auf die Näherungslösungen beschränkt. Man hätte also hier im Beispiel auch die Gln. (6.44) und (6.45) bzw. die vollständigen Lösungen (6.38) und (6.39) heranziehen können, da hinsichtlich der Kombination Platte-Zylinder ganz allgemein gelten muß

$$\frac{\vartheta(x,r,t)}{\vartheta_c}=\frac{\vartheta(x,t)}{\vartheta_c}\cdot\frac{\vartheta(r,t)}{\vartheta_c}=\frac{\vartheta_P}{\vartheta_c}\cdot\frac{\vartheta_Z}{\vartheta_c}. \tag{10.1}$$

Für die Modelle nach Bild 10.1c, d und i, die in der Kombination nicht den halbunendlichen Körper enthalten, lassen sich aus den Produktlösungen für das Temperaturfeld in einfacher Weise solche modifizierter Art bezüglich der ausgeströmten Wärmemenge Q finden. Beim Zylinder endlicher Länge ist

$$Q_c=\pi R^2 2X\rho c_p\vartheta_c$$

die insgesamt übertragbare Wärmemenge. Mit Gl. (10.1) muß dann gelten

$$Q=Q_c\left[1-\frac{1}{Q_c}\rho c_p\vartheta_c\int_V\frac{\vartheta}{\vartheta_c}dV\right]$$

$$=Q_c\left[1-\frac{1}{\pi R^2 2X}\cdot\int_{-X}^{+X}\frac{\vartheta_P}{\vartheta_c}dx\cdot\int_0^R 2\pi r\frac{\vartheta_Z}{\vartheta_c}dr\right]. \tag{10.2}$$

Analog erhält man unter Verwendung der Grundlösungen für die ebene Platte (zusätzlicher Index P)

$$Q_P=Q_{cP}\left[1-\frac{1}{2X}\int_{-X}^{+X}\frac{\vartheta_P}{\vartheta_c}dx\right] \tag{10.3}$$

und für den unendlich langen Zylinder (zusätzlicher Index Z)

$$\Theta_Z=\Theta_{cZ}\left[1-\frac{1}{\pi R^2}\int_0^R 2\pi r\frac{\vartheta_Z}{\vartheta_c}dr\right]. \tag{10.4}$$

Nach Einsetzen der Gln. (10.3) und (10.4) in Gl. (10.2) folgt die modifizierte Produktform

$$\frac{Q}{Q_c}=1-\left[1-\left(\frac{Q}{Q_c}\right)_P\right]\left[1-\left(\frac{Q}{Q_c}\right)_Z\right]. \tag{10.5}$$

Unter Verwendung der Näherungsbeziehung (6.43) und der Tabellen 6.2 und 6.3 erhält man mit den Daten des Beispiels

$$\left(\frac{Q}{Q_c}\right)_P=0{,}175, \qquad \left(\frac{Q}{Q_c}\right)_Z=0{,}363, \qquad \frac{Q}{Q_c}=0{,}475.$$

Weitere Einzelheiten zum Problemkreis dieses Abschnitts finden sich in der schon erwähnten Arbeit [6.2].

11. Nichtstationäre Wärmeleitung mit Phasenänderung

Reine Stoffe sowie eutektische Legierungen und Mischungen ändern ihren Aggregatzustand oder ihre Modifikationsform bei bestimmten, für jede Stoffart charakteristischen Umwandlungstemperaturen; gleichzeitig wird sogenannte „latente Wärme" (besser: Umwandlungsenthalpie) freigesetzt oder gespeichert. Nichteutektische Legierungen und Mischungen zeigen diese Phasenänderungseffekte innerhalb eines Temperaturintervalls und kommen für die folgende Berechnungsmethode nur bedingt in Betracht.

Bei einer Vielzahl wichtiger Wärmeleitvorgänge in Natur und Technik wird das einem Körper aufgeprägte Temperaturfeld durch Umwandlungsisothermen in zwei oder mehrere Bereiche unterteilt, d.h. es bilden sich — im nichtstationären Fall den Körper durchwandernde — Phasengrenzen aus, an denen die Stoffwerte λ, ρ, c_p,... usw. sprunghafte Änderungen erfahren.

Die mathematische Beschreibung solcher Vorgänge wird durch das Wandern der Bereichsgrenzen, vor allem aber durch eine aus der lokalen Enthalpieumsetzung resultierende nichtlineare Phasengrenzbedingung sehr erschwert.

Im weiteren behandeln wir das fortschreitende Erstarren einer Flüssigkeit und nehmen näherungsweise an, daß die Stoffgrößen in den zwei durch die Umwandlungsfront getrennten Bereichen unterschiedliche, ansonsten aber temperaturunabhängige Werte besitzen. In der flüssigen Phase soll ferner keine Konvektion auftreten. so daß in beiden Phasen ein reines Wärmeleitproblem vorliegt. Praktische Beispiele hierfür sind das Vordringen der Frostgrenze in feuchtem Erdboden und wasserhaltigen Lebensmitteln (Fleisch, Obst, Gemüse) und das Zufrieren von stehenden Gewässern. Bei letzteren entsteht aufgrund der Dichteanomalie des Wassers im Temperaturbereich $0\,°\mathrm{C} \leqq \vartheta \leqq 4\,°\mathrm{C}$ eine stabile Schichtung ohne Konvektionsbewegung.

In einer Arbeit über die Eisbildung im Polarmeer hat J. Stefan (1891)[1] für den halbunendlich ausgedehnten Körper konstanter Oberflächentemperatur (Randbedingung 1. Art) den speziellen Fall behandelt, daß sich die flüssige Phase zur Zeit $t=0$ einheitlich auf der Schmelztempe-

---

[1] Stefan, J.: Über die Theorie der Eisbildung, insbesondere über die Eisbildung im Polarmeere. Ann. Phys. Chem. **42** (1891) S. 269/86.

ratur ϑ_s befindet. Hat die Flüssigkeitstemperatur anfänglich im ganzen Bereich einen über ϑ_s liegenden Wert, so existiert auch hierfür eine geschlossene Lösung, die F. Neumann[1] bereits seit den sechziger Jahren des vergangenen Jahrhunderts in seinen Vorlesungen vorgetragen, aber erst 1912 veröffentlicht hat. Bisher sind keine wesentlich neuen, physikalisch interessanten Lösungsfunktionen gefunden worden, weder für die Randbedingung der zweiten oder dritten Art, noch für andere Körperformen.

11.1 Die exakte Lösung nach Neumann

Ein halbunendlich ausgedehnter Körper befinde sich zur Zeit $t=0$ einheitlich auf der Temperatur $\vartheta_2(x_2,0)=\vartheta_{II}$ (Indizes 2, II: flüssige Phase), die über der Schmelztemperatur ϑ_s liege. Zu allen Zeiten $t>0$ soll die Oberflächentemperatur des Körpers auf dem Wert $\vartheta_1(0,t)=\vartheta_I$ (Indizes 1, I: feste Phase) gehalten werden, wobei $\vartheta_I<\vartheta_s$ vorausgesetzt sei (siehe Bild 11.1).

Wenn die Dichten ρ_1 und ρ_2 in der festen und flüssigen Phase voneinander abweichen, muß sich mindestens eine der beiden Phasen relativ zu einem ruhenden Beobachter als ganzes bewegen, d.h. daß nicht nur die

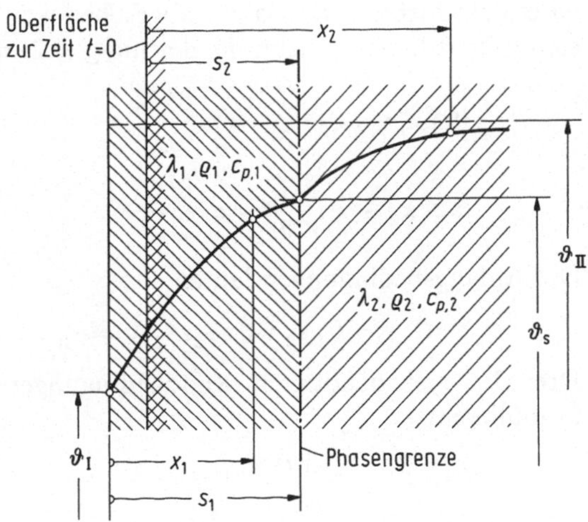

Bild 11.1.
Vordringen der Erstarrungsgrenze in einem halbunendlich ausgedehnten Medium

---

[1] Neumann, F. — In: Die partiellen Differentialgleichungen der Physik, Hrsg.: Riemann, B., Weber, H.: Braunschweig: F. Vieweg, 1912, Bd. 2, S. 117/21.

Phasengrenze durch das Medium wandert, sondern auch Stoffmengen verlagert werden. Bei einem zufrierendem Natursee bewegt sich die bis zum Zeitpunkt t gebildete Eisdecke wegen $\rho_{H_2O,1} < \rho_{H_2O,2}$ vom Seeboden weg, während gleichzeitig ihre Unterseite darauf zuwächst. Gefriert andererseits Wasser in einem Behälter, der nur vom Boden her gekühlt werden kann, so hebt die wachsende Eisschicht ständig die jeweils noch vorhandene Flüssigkeitsschicht an. Die Dichteanomalie des Wassers bewirkt darin zusätzlich innere Konvektionsbewegungen, weshalb dieser Fall nicht nach dem folgenden Schema berechnet werden kann.

Für die mathematische Beschreibung ist es günstig, die Ortskoordinate x_1 der festen Phase an der Oberfläche der erstarrten Schicht zu verankern, die Ortskoordinate x_2 der flüssigen Phase hingegen in der Ebene, die zur Zeit $t=0$ mit der Oberfläche des Körpers zusammengefallen ist. Bezeichnen $s_1(t)$ und $s_2(t)$ die Koordinaten der Phasengrenze zur Zeit t, so folgt aus dem Massenerhaltungssatz

$$\mathrm{d}s_1\,\rho_1 = \mathrm{d}s_2\,\rho_2 \quad \text{bzw.} \quad s_1\,\rho_1 = s_2\,\rho_2, \tag{11.1}$$

während für die Koordinaten x_1' und x_2' eines innerhalb der festen oder flüssigen Phase gelegenen Punktes die Transformationsgleichung

$$x_1' - x_2' = s_1 - s_2 \tag{11.2}$$

gelten muß. Die oben erläuterte Festlegung der Koordinaten x_1 und x_2 hat zur Folge, daß keine Phase bezüglich der ihr zugeordneten Koordinate Verschiebungen erfährt (abgesehen von der Bereichsgrenze) und somit für jede die Differentialgleichung (1.2) nach Fourier gelten muß.

$$0 \leqq x_1 \leqq s_1: \quad \frac{\partial \vartheta_1}{\partial t} = a_1 \frac{\partial^2 \vartheta_1}{\partial x_1^2}, \tag{11.3}$$

$$s_2 \leqq x_2 \leqq \infty: \quad \frac{\partial \vartheta_2}{\partial t} = a_2 \frac{\partial^2 \vartheta_2}{\partial x_2^2}. \tag{11.4}$$

Die Anfangsbedingungen lauten:

$$t = 0: \ s_1 = 0; \ s_2 = 0; \ \vartheta_2(x_2, 0) = \vartheta_{II}. \tag{11.5}$$

Drei der vier benötigten Randbedingungen lassen sich unmittelbar formulieren:

$$x_1 = 0: \quad \vartheta_1(0, t) = \vartheta_I, \tag{11.6}$$

$$x_2 \to \infty: \quad \vartheta_2(\infty, t) = \vartheta_{II}, \tag{11.7}$$

$$x_1 = s_1 \quad \text{bzw.} \quad x_2 = s_2: \quad \vartheta_1(s_1, t) = \vartheta_2(s_2, t) = \vartheta_s. \tag{11.8}$$

Wenn die Frostgrenze im Zeitintervall $\mathrm{d}t$ von s_1 bis $s_1 + \mathrm{d}s_1$ vorgerückt ist, muß in der Schicht der Dicke $\mathrm{d}s_1$ die auf die Fläche bezogene Umwandlungsenthalpie $\rho_1\,\mathrm{d}s_1\,h_s$ freigesetzt worden sein, wobei h_s die spezifische Schmelzenthalpie bezeichnet. Aus einer Energiebilanz an der Phasengrenze folgt dann für diese Stelle eine weitere Randbedingung, von der man zeigen kann, daß sie nichtlinear ist:

$$-\lambda_1 \left(\frac{\partial \vartheta_1}{\partial x_1}\right)_{s_1} + \lambda_2 \left(\frac{\partial \vartheta_2}{\partial x_2}\right)_{s_2} + \rho_1 h_s \frac{ds_1}{dt} = 0. \tag{11.9}$$

Zur besseren Übersicht empfiehlt sich die Einführung dimensionsloser Größen.

$$\Theta_1 = \frac{\vartheta_1 - \vartheta_I}{\vartheta_s - \vartheta_I}, \qquad \Theta_2 = \frac{\vartheta_2 - \vartheta_s}{\vartheta_{II} - \vartheta_s}, \qquad \Theta = \frac{\vartheta_{II} - \vartheta_s}{\vartheta_s - \vartheta_I}, \tag{11.10}$$

$$Fo_{x,1} = \frac{a_1 t}{x_1^2}, \qquad Fo_{x,2} = \frac{a_2 t}{x_2^2}, \tag{11.11}$$

$$\alpha = \frac{a_2}{a_1} = \frac{\lambda_2}{\lambda_1} \frac{c_{p,1} \rho_1}{c_{p,2} \rho_2}, \tag{11.12}$$

$$\beta = \frac{b_2}{b_1} = \left(\frac{\lambda_2 c_{p,2} \rho_2}{\lambda_1 c_{p,1} \rho_1}\right)^{1/2}, \tag{11.13}$$

$$\gamma = \frac{\rho_2}{\rho_1}, \tag{11.14}$$

$$Ph = \frac{h_s}{c_{p,1}(\vartheta_s - \vartheta_I)}. \tag{11.15}$$

Wir versuchen probeweise folgende Ansätze:

$$\Theta_1 = A \, \mathrm{erf}(1/(2\sqrt{Fo_{x,1}})); \tag{11.16}$$

$$\Theta_2 = 1 - B \, \mathrm{erfc}(1/(2\sqrt{Fo_{x,2}})). \tag{11.17}$$

Damit lassen sich unter Beachtung der Gln. (11.10) und (11.11) bereits die Differentialgleichungen (11.3) und (11.4), die Anfangsbedingungen (11.5) und die Randbedingungen (11.6) und (11.7) erfüllen. Setzt man die Gln. (11.16) und (11.17) in die Randbedingung (11.8) ein, so folgen mit den Gln. (11.1), (11.12) und (11.14) zwei Gleichungen zwischen den drei Unbekannten A, B, s_1 und der Zeit t:

$$\frac{1}{A} = \mathrm{erf}\left(\frac{s_1}{2\sqrt{a_1 t}}\right),$$

$$\frac{1}{B} = \mathrm{erfc}\left(\frac{s_1}{2\gamma\sqrt{\alpha}\sqrt{a_1 t}}\right).$$

Diese beiden Beziehungen können nur dann für alle Zeiten t erfüllt sein, wenn die Phasengrenzkoordinate s_1 proportional zu $\sqrt{t}$ ist, was sich in dimensionsloser Form folgendermaßen ausdrücken läßt:

$$\delta = \frac{s_1}{2\sqrt{a_1 t}} \quad \text{oder} \quad Fo_{s,1} = \frac{a_1 t}{s_1^2}. \tag{11.18}$$

Über Gl. (11.18) sind die Konstanten A und B als Funktionen der Kenngröße δ bzw. einer speziellen Fourier-Zahl $Fo_{s,1} = 1/(4\delta^2)$ festgelegt (in der Literatur wird δ bzw. $\delta' = 2\delta$ bevorzugt).
Es folgt

$$A = 1/\mathrm{erf}\,\delta, \quad B = 1/\mathrm{erfc}(\delta/(\gamma\sqrt{\alpha})). \tag{11.19}$$

Aus der Phasengrenzbedingung (11.9) erhält man nach einiger Rechenarbeit erstens eine transzendente Bestimmungsgleichung für die Kennzahl δ und zweitens die für nichtstationäre Wärmeleitungsprobleme mit Phasenänderung charakteristische Kennzahl Ph, genannt Phasenübergangszahl, welche wir im Vorgriff durch Gl. (11.15) definiert haben:

$$\delta\,Ph\sqrt{\pi} = \frac{1}{\exp\delta^2\,\mathrm{erf}\,\delta} - \frac{\beta\Theta}{\exp\left(\dfrac{\delta^2}{\gamma^2\alpha}\right)\mathrm{erfc}\left(\dfrac{\delta}{\gamma\sqrt{\alpha}}\right)}. \tag{11.20}$$

Aus Gl. (11.20) läßt sich δ iterativ als Funktion der drei Kennzahlen bzw. Kennzahlprodukte Ph, $\beta\Theta$ und $\gamma\sqrt{\alpha}$ bestimmen. Ohne Ableitung geben wir folgende Grenzlösung der Gl. (11.20) an:

$$\delta \ll 1: \ \delta \approx \frac{1}{2\varepsilon\sqrt{\pi}}(\sqrt{\beta^2\Theta^2 + 2\pi\varepsilon} - \beta\Theta), \tag{11.21}$$

wobei zur Abkürzung

$$\varepsilon = Ph + 1/3 + \frac{2\beta\Theta}{\pi\gamma\sqrt{\alpha}} \tag{11.22}$$

gesetzt wurde.
In Bild 11.2 ist δ als Funktion von Ph mit $\beta\Theta$ und $\gamma\sqrt{\alpha}$ als Parametern dargestellt.
Für die beiden Temperaturfunktionen nach Gl. (11.16) und (11.17) folgt nach Einsetzen der Ausdrücke (11.19) und Transformation auf die an der Eisoberfläche verankerte Koordinate x_1 über Gl. (11.2)

$$\Theta_1 = \frac{\mathrm{erf}(1/(2\sqrt{Fo_{x,1}}))}{\mathrm{erf}\,\delta}, \tag{11.23}$$

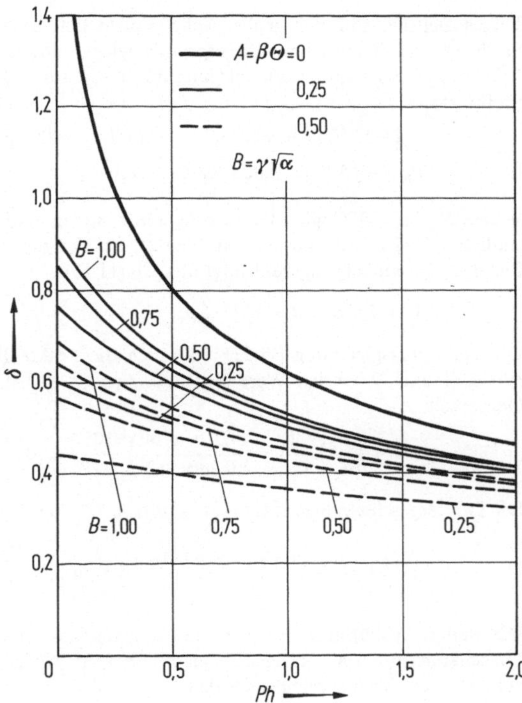

Bild 11.2. Parameterdarstellung der Funktion $\delta = \delta\,(Ph,\ \beta\Theta,\ \gamma\sqrt{\alpha})$

$$\Theta_2 = 1 - \frac{\mathrm{erfc}\left(\dfrac{1}{\sqrt{\alpha}}\left(\dfrac{1}{2\sqrt{Fo_{x,1}}} + \dfrac{1-\gamma}{\gamma}\delta\right)\right)}{\mathrm{erfc}(\delta/(\gamma\sqrt{\alpha}))}. \tag{11.24}$$

Der zweite Term im Argument der Funktion (11.24) berücksichtigt die Relativbewegung der flüssigen Phase gegenüber der in der festen Phase verankerten Koordinate x_1.

In [11.1] sind die bisher bekannt gewordenen analytischen Lösungen für das Stefan-Neumann-Problem und seine Varianten aufgeführt; es finden sich dort auch die Ergebnisse für den Fall eines endlichen Dichtesprungs an der Phasengrenze, welche in vielen Fachbüchern falsch dargestellt sind.

Beispiel 11.1: An Bord eines Fischdampfers werden 3 cm dicke Fischfilets mit einer Ausgangstemperatur von $\vartheta_{\mathrm{II}} = \vartheta_{\mathrm{s}} = 0\,^\circ\mathrm{C}$ durch Eintauchen in siedendes Frigen 12 von $-30\,^\circ\mathrm{C}$ schockgefroren. Nach welcher Zeit t^* treffen sich die beiden Frostfronten in der Mitte der plattenförmigen Filets, d.h. wann liegt die Frostgrenze bei $s_2^* = 1{,}5\,\mathrm{cm}$? Wie groß ist die Gefriergeschwindigkeit $\mathrm{d}s_2/\mathrm{d}t$ zur Zeit t^*?

Dieses Beispiel soll nur grobe Anhaltswerte liefern, weshalb für das Fischfleisch die Stoffwerte von Wasser bzw. Eis zugrunde gelegt werden (siehe Tabelle 11.1) und spezielle Effekte, wie Gefrierpunkterniedrigung und partielles Gefrieren außer acht bleiben. Stoffwerte:

$$\rho_1(-15\,°C)=919\,kg/m^3; \qquad \rho_2(0\,°C)=1000\,kg/m^3;$$

$$c_{p,1}(-15\,°C)=1980\,J/kg\,K; \qquad \lambda_1(-15\,°C)=2,4\,W/Km; \qquad h_s=333\,kJ/kg.$$

Wegen $\vartheta_2=\vartheta_s=0\,°C$ gilt die Lösung nach Stefan und Neumann auch für die Platte endlicher Dicke und zwar bis zur Zeit t^*, bei der beide Frostfronten zusammenstoßen. Für die Phasenübergangszahl folgt aus Gl. (11.15):.

$$Ph=h_s/[c_{p,1}(\vartheta_s-\vartheta_l)]=5{,}61.$$

Die Näherungsgleichung (11.21), wie auch die exakte Beziehung Gl. (11.20) liefern für $Ph=5{,}61$ und $\Theta=0$ den Wert $\delta=0{,}290$. Aus Gl. (11.1) und Gl. (11.18) erhält man die Gefrierzeit zu

$$t^*=\left(\frac{s_2\,\rho_2}{\delta\rho_1}\right)^2\frac{1}{4a_1}=\left(\frac{0{,}015\cdot1000}{0{,}290\cdot919}\right)^2\frac{10^6}{5{,}28}\,s=10\,min.$$

Die Gefriergeschwindigkeit beträgt zu diesem Zeitpunkt

$$\left(\frac{ds_2}{dt}\right)_{t^*}=\frac{\rho_2}{\rho_1}\left(\frac{ds_1}{dt}\right)_{t^*}=\frac{\rho_2\,\delta\sqrt{a_1}}{\rho_1\sqrt{t^*}}=5{,}3\,cm/h.$$

Die weitere Abkühlung der Filets auf üblicherweise $\vartheta=-20\,°C$ (im Kern) erfolgt ohne Phasenänderung und kann z.B. nach dem in Abschnitt 6.8 beschriebenen Binder-Schmidt-Verfahren berechnet werden.

Tabelle 11.1. Stoffwerte von Wasser in flüssiger und fester Phase (Eis) bei $p=1$ bar

flüssig

t	°C	0	10	20	30	40	50	60	80	100
ρ_2	kg/m³	1000	1000	998	996	992	988	983	972	958
$c_{p,2}$	J/kgK	4220	4190	4180	4180	4180	4180	4180	4200	4220
λ_2	W/Km	0,552	0,578	0,598	0,614	0,628	0,641	0,652	0,669	0,682

fest (Eis)

t	°C	0	−20	−40	−60	−80	−100	−120	−150	−180
ρ_1	kg/m³	917	920	923	925	927	929	931	933	934
$c_{p,1}$	J/kgK	2040	1950	1810	1650	1520	1390	1250	1040	820
λ_1	W/Km	2,25	2,45	2,7	3,0	3,5	4,0	4,6	5,7	7,2

11.2 Die quasistationären Näherungslösungen

Die Phasenübergangszahl

$$Ph=h_s/[c_{p,1}(\vartheta_s-\vartheta_l)]$$

ist das Verhältnis der „latenten Wärme" (Umwandlungsenthalpie)

$$H_s = m\,h_s$$

zur „fühlbaren Wärme" (Temperaturänderungsenthalpie)

$$H = m\,c_{p,1}(\vartheta_s - \vartheta_l).$$

Beide Enthalpieanteile müssen beim Gefrierprozeß der Masse m eines Stoffes entzogen werden, wenn diese zuerst bei der Schmelztemperatur ϑ_s von der flüssigen in die feste Phase umgewandelt und anschließend einheitlich auf die Temperatur $\vartheta_l < \vartheta_s$ abgekühlt werden soll. Bei nichtstationären Phasenänderungsvorgängen befindet sich die feste Phase, wie Bild 11.1 zeigt, im Mittel auf einer Temperatur ϑ_m für die (im Fall eines ebenen Bereichs) $\vartheta_m \geqq \frac{1}{2}(\vartheta_l + \vartheta_s)$ gilt. Demnach ist nur die „fühlbare Wärme"

$$H^* = m\,c_{p,1}(\vartheta_s - \vartheta_m) \leqq \tfrac{1}{2}m\,c_{p,1}(\vartheta_s - \vartheta_l) = \tfrac{1}{2}H$$

abgeführt worden und das Verhältnis der dem Körper zur Zeit t tatsächlich entzogenen Enthalpiemengen wird

$$H_s/H^* \geqq 2h_s/[c_{p,1}(\vartheta_s - \vartheta_l)] = 2Ph.$$

Im Beispiel des letzten Abschnitts haben wir Ph zu 5,61 errechnet, d.h. H_s ist dort mindestens elfmal größer als H^*. Gibt man die Randbedingung der 3. Art vor und setzt ϑ_l gleich der Kühlmitteltemperatur, so gilt für die Wandtemperatur $\vartheta_w > \vartheta_l$ und für die Mitteltemperatur $\vartheta_m \geqq (\vartheta_w + \vartheta_s)/2$ d.h. das Verhältnis H_s/H^* steigt noch weiter an; der Gefriervorgang wird immer mehr durch die Umwandlungsenthalpie H_s bestimmt.

Nach obigen Ausführungen ist die Temperaturänderungsenthalpie H^* im Grenzfall $Ph \to \infty$ vernachlässigbar klein gegenüber H_s, so daß in der Gefrierschicht der Dicke s_1, wie bei streng stationären Problemen, nur der Wärmeleitwiderstand berücksichtigt werden muß. Für große, aber endliche Phasenübergangszahlen $Ph \gg 1$ liefert dieses vereinfachte Modell explizite Formeln, die als quasistationäre Näherungslösungen bekannt sind.

In Bild 11.3a und b ist der im technischen Bereich häufig auftretende Erstarrungsvorgang an der Innen- bzw. Außenseite eines zylindrischen Rohres schematisch dargestellt.

Kühlflüssigkeit mit der Temperatur $\vartheta_l < \vartheta_s$ führt Wärme von der Außen- bzw. Innenseite eines Rohres (Innen- bzw. Außendurchmesser R, Wandstärke ΔR, Wärmeleitfähigkeit des Rohrmaterials λ_M) ab, wobei sich auf der Kühlseite ein Wärmeübergangskoeffizient α einstellt.

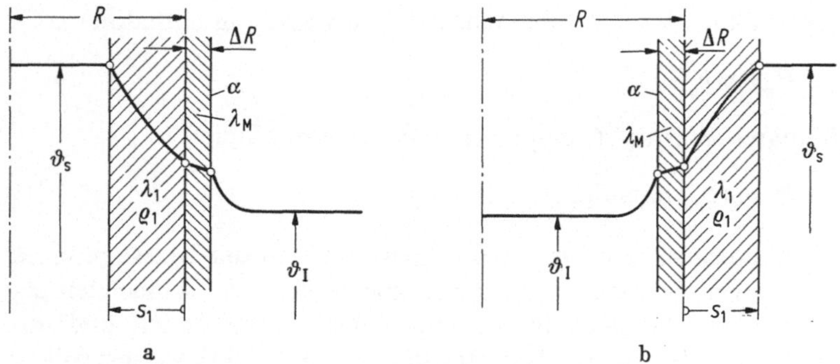

Bild 11.3a und b. Temperaturverlauf bei der Erstarrung an der Innen- und Außenseite eines Zylinders (Randbedingung 3. Art)

Da praktisch immer $\Delta R/R \ll 1$ sein wird, läßt sich nach Gl. (3.13), Abschnitt 3.2, ein Wärmedurchgangskoeffizient wie für die ebene Platte definieren:

$$k = \frac{1}{1/\alpha + \Delta R/\lambda_{\mathrm{M}}}. \tag{11.25}$$

Wir behandeln hier ausführlich den Fall der Außenkühlung unter der Anfangsbedingung, daß das Rohr zur Zeit $t=0$ vollständig mit einer auf der Gefriertemperatur ϑ_{s} befindlichen Flüssigkeit gefüllt ist, d.h. es wird $\vartheta_{\mathrm{II}} = \vartheta_{\mathrm{s}}$ vorausgesetzt. Unter Verwendung der modifizierten Péclet-Gleichung für den Zylinder nach Gl. (3.15), Abschnitt 3.2, lautet die Energiebilanz an der zur Zeit t bis zur Stelle $s_1(t)$ vorgerückten Phasengrenze

$$\frac{2\pi(\vartheta_{\mathrm{s}} - \vartheta_{\mathrm{I}})}{\dfrac{1}{k(R+\Delta R)} + \dfrac{1}{\lambda_1}\ln\left(\dfrac{R}{R-s_1}\right)} = 2\pi\,\rho_1\,h_{\mathrm{s}}(R-s_1)\frac{\mathrm{d}s_1}{\mathrm{d}t}. \tag{11.26}$$

Die Integration dieser separierbaren Differentialgleichung liefert mit der Anfangsbedingung $s_1(0)=0$ und den Abkürzungen

$$Bi_{\mathrm{a}} = k(R+\Delta R)/\lambda_1, \tag{11.27}$$
$$\sigma_1 = s_1/R, \tag{11.28}$$

die hinsichtlich $Fo_{R,1} = a_1 t/R^2$ explizite Lösung

$$Fo_{R,1} = \frac{Ph}{2}\left[\sigma_1(2-\sigma_1)\left(\frac{1}{2}+\frac{1}{Bi_{\mathrm{a}}}\right) - (1-\sigma_1)^2\ln\left(\frac{1}{1-\sigma_1}\right)\right]. \tag{11.29}$$

Beim innen gekühlten Rohr bildet sich die Gefrierschicht auf der Außenseite und man erhält mit der abgeänderten Biot-Zahl

$$Bi_{\mathrm{i}} = k(R-\Delta R)/\lambda_1 \tag{11.30}$$

nach analoger Ableitung die Formel

$$Fo_{R,1} = \frac{Ph}{2}\left[(1+\sigma_1)^2 \ln(1+\sigma_1) - \sigma_1(2+\sigma_1)\left(\frac{1}{2}-\frac{1}{Bi_i}\right)\right]. \quad (11.31)$$

Zur Beschreibung des Erstarrungsvorgangs im Innen- bzw. Außenraum einer Kugel hat man von den modifizierten Biot-Zahlen

$$Bi_a = \frac{k(R+\Delta R)^2}{\lambda_1 R} \quad (11.32)$$

und

$$Bi_i = \frac{k(R-\Delta R)^2}{\lambda_1 R} \quad (11.33)$$

auszugehen. Die quasistationären Näherungslösungen für das Gefrierproblem im Innen- bzw. Außenraum einer Kugel lauten damit

$$Fo_{R,1} = Ph\left\{\frac{1}{2}[1-(1-\sigma_1)^2] - \frac{1}{3}\left(1-\frac{1}{Bi_a}\right)[1-(1-\sigma_1)^3]\right\}, \quad (11.34)$$

$$Fo_{R,1} = Ph\left\{\frac{1}{3}\left(\frac{1}{Bi_i}+1\right)[(1+\sigma_1)^3-1] - \frac{1}{2}[(1+\sigma_1)^2-1]\right\}. \quad (11.35)$$

Die näherungsweise Berechnung des ebenen Erstarrungsproblems an einer Wand der Dicke Δx ist sehr einfach, zumal hierbei nicht zwischen Innen- und Außenraum unterschieden werden muß. Mit der Definition für den Wärmedurchgangskoeffizienten

$$k = \frac{1}{1/\alpha + \Delta x/\lambda_M} \quad (11.36)$$

lautet die Phasengrenzbedingung

$$\frac{\vartheta_s - \vartheta_1}{1/k + s_1/\lambda_1} = \rho_1 h_s \frac{ds_1}{dt}. \quad (11.37)$$

Die Integration liefert den Ausdruck

$$Fo_{s,1} = \frac{a_1 t}{s_1^2} = Ph\left(\frac{1}{2}+\frac{1}{Bi_{s,1}}\right), \quad (11.38)$$

in dem $Fo_{s,1}$ gemäß Gl. (11.18) und $Bi_{s,1}$ nach

$$Bi_{s,1} = \frac{k s_1}{\lambda_1} \quad (11.39)$$

mit der zeitveränderlichen Phasengrenzkoordinate s_1 gebildet wurden. Setzt man in die Lösung (11.38) des ebenen Problems den Grenzwert

$Bi_{s,1} \to \infty$ ein, so folgt mit Gl. (11.18) ein Näherungsausdruck (Index N) für die Kenngröße δ_N:

$$\delta_N = 1/\sqrt{2Ph}. \tag{11.40}$$

Die exakte Beziehung lautet für den speziellen Fall $\vartheta_{II} = \vartheta_s$ bzw. $\Theta = 0$ gemäß Gl. (11.20)

$$\delta Ph \sqrt{\pi} = \frac{1}{\exp(\delta^2)\,\mathrm{erf}(\delta)}.$$

In Bild 11.4 ist der relative Fehler

$$F_\delta = \frac{\delta_N - \delta}{\delta}$$

als Funktion von Ph aufgetragen. Die Pfeile geben annähernd die Werte der Ph-Zahlen spezieller Metallschmelzen und von Wasser an. Bei den Metallschmelzen wurde $\vartheta_I = 20\,°C$, bei Wasser $\vartheta_I = -30\,°C$ angenommen und für $c_{p,1}$ der Wert bei der Schmelztemperatur ϑ_s eingesetzt. Wie ersichtlich, liefern die Näherungslösungen erst ab $Ph > 2$, also für Wasser bzw. für stark wasserhaltige Stoffe gute Ergebnisse. Da aus Gl. (11.18)

$$t = s_1^2/(4a_1\,\delta^2)$$

folgt, würde man nach Bild 11.4 bei Stählen wegen $F_\delta \approx 42\,\%$ bzw. $\delta_N/\delta \approx 1.42$ die Zeit für das Erstarren einer Schicht der Dicke s_1 aus der Näherungsbeziehung nur zu $t_N \approx 0.5\,t$ errechnen (t ist die exakt berechnete Zeit). Noch größere Fehler ergeben sich (bei vorgegebener

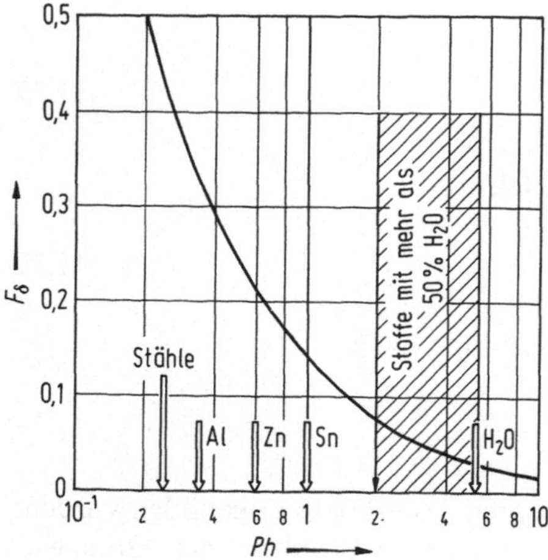

Bild 11.4. Fehler der quasistationären Näherungslösung (ebenes Problem)

Ph-Zahl) für die Erstarrungszeiten von zylinder- oder kugelförmigen Körpern. In allen Fällen unzureichender Genauigkeit der asymptotischen Näherungslösungen kann auf die in [11.2] mitgeteilten genaueren Berechnungsverfahren zurückgegriffen werden.

Abschließend sei noch darauf hingewiesen, daß die Näherungslösungen (11.29) und (11.34) für den Innenraum von Zylinder oder Kugel nur dann ohne zusätzlichen Fehler gelten, wenn im Fall $\rho_2/\rho_1 > 1$, wie bei Wasser, die flüssige Phase unbehindert verdrängt oder im Fall $\rho_2/\rho_1 < 1$, wie bei den meisten anderen Flüssigkeiten, nachgeliefert werden kann. Ist dies nicht gewährleistet (Kugel!), so treten entweder die bekannten Bersterscheinungen auf oder es bilden sich Hohlräume (Lunker) aus.

Beispiel 11.2: Eine wasserhaltige Substanz mit den Stoffwerten h_s, λ_1, ρ_1, $c_{p,1}$ befinde sich auf Gefriertemperatur ($\vartheta_{II} = \vartheta_s$) und liege in folgenden Konfigurationen vor:

(a) Platte der Dicke $2X$ (beidseitige Abkühlung)
(b) Zylinder mit Radius $R_a = X$ (Außenkühlung)
(c) Zylinderschale mit Innenradius $R_i = X$ und Außenradius $R_a = 2X$ (nur Innenkühlung)
(d) Kugel — analog (b)
(e) Kugelschale — analog (d)

In allen fünf Fällen sollen die Kühlmitteltemperatur ϑ_1 und der Wärmeübergangskoeffizient α konstant sein. Vernachlässigt man die Dicke der Trennwand ($\Delta R = \Delta X = 0$), so folgt $k = \alpha$ und mit $s_1 = X$ (vollständiges Durchfrieren der Körper) werden alle Biot-Zahlen gleich:

$$Bi_{s,1} = Bi_i = Bi_a = Bi.$$

Für $Bi = 1$ und $Bi \to \infty$ soll jeweils die bezogene Gefrierzeit

$$\tau^* = Fo^*_{X,1}/Ph = t^* \lambda_1 (\vartheta_s - \vartheta_1)/(\rho_1 h_s X^2)$$

errechnet werden. Die Ergebnisse sind in Tabelle 11.2 zusammengestellt.

Tabelle 11.2. Vergleich der Gefrierzeiten für einfache Körper

Fall	Gl.	$\tau^* \, (Bi) = Fo^*_{X,1}/Ph$	τ^* für $Bi = 1$	τ^* für $Bi \to \infty$
a	(11.38)	$1/2 + 1/Bi$	1,50	0,50
b	(11.29)	$(1/2 + 1/Bi)/2$	0,75	0,25
c	(11.31)	$[4\ln(2) - 3(1/2 - 1/Bi)]/2$	2,136	0,636
d	(11.34)	$1/2 - (1 - 1/Bi)/3$	0,50	0,167
e	(11.35)	$7(1 + 1/Bi)/3 - 3/2$	3,167	0,833

Literatur

2.1. Sommerfeld, A.; Bethe, H.: Elektronentheorie der Metalle. Berlin, Göttingen, Heidelberg: Springer 1967.
Justi, E.: Leitungsmechanismus und Energieumwandlung in Festkörpern. 2. Aufl. Göttingen 1965.
Erdmann, J.C.: Wärmeleitung in Metallen. Berlin, Göttingen, Heidelberg: Springer 1969.
Klemens, P.G.: Thermal Conductivity of Solids at Low Temperatures. In: Handbuch der Physik. Hrsg. S. Flügge. Berlin, Göttingen, Heidelberg: Springer 1956, Bd. 14, S. 198–291.

2.2. Cezairliyan, A. u. Y.S. Touloukian: Correlation and Prediction of Thermal Conductivity of Metals... In: Advances in Thermophysical Properties at Extreme Temperatures and Pressures. Hrsg. von S. Gratch, ASME: New York 1965, S. 301–313.

2.3. Bungardt, K.; Spyra, W.: Arch. Eisenhüttenwes. **36** (1965) 257–267.

5.1. Kirchhoff, G.: Vorlesungen über die Theorie der Wärme. Leipzig 1894, S. 13.

5.2. Höckel, J.; Saur, G.; Borchers, H.: J. Nucl. Mater. **33** (1969) 225–241.

5.3. Betz, A.: Konforme Abbildung. 2. Aufl. Berlin, Göttingen, Heidelberg: Springer 1964.
Rothe, R.; Ollendorf, F.; Polhausen, K.: Funktionentheorie und ihre Anwendung in der Technik. Berlin 1931.
Knopp, K.: Funktionentheorie. 2 Bde. 11. Aufl. Berlin 1965.

5.4. Hahne, E.; Schällig, R.: Formfaktoren der Wärmeleitung für Anordnungen mit isothermen Rippen. Wärme-Stoffübertrag. **5** (1972) 39–46.

5.5. Hahne, E.; Grigull, U.: Formfaktor und Formwiderstand der stationären mehrdimensionalen Wärmeleitung. Int. J. Heat Mass Transfer **18** (1975) 751–767.

6.1. Grigull, U.: Temperaturausgleich in einfachen Körpern. Berlin, Göttingen, Heidelberg: Springer 1964.

6.2. Grigull, U.; Bach, J.; Sandner, H.: Näherungslösungen der nichtstationären Wärmeleitung. Forsch. Ingenieurwes. **32** (1966), Nr. 1, 11–18.

6.3. Schuh, H.: Differenzenverfahren zum Berechnen von Temperatur-Ausgleichsvorgängen... VDI Forschungsh. 459. Düsseldorf: VDI-Verlag 1957.

6.4. Doetsch, G.: Anleitung zum praktischen Gebrauch der Laplace-Transformation und der Z-Transformation. 3. Aufl. München, Wien: R. Oldenbourg 1967.

6.5. Baehr, H.D.: Die Lösung nichtstationärer Wärmeleitungsprobleme mit Hilfe der Laplace-Transformation. Forsch. Ingenieurwes. **21** (1955) 33–40.

9.1. Rykalin, N.N.: Berechnung der Wärmevorgänge beim Schweißen. Berlin: VEB Verlag Technik 1957.

11.1. Carslaw, H.S.; Jaeger, J.C.: Conduction of Heat in Solids. Oxford University Press 1959.

11.2. Stephan, K.; Holzknecht, B.: Die asymptotischen Vorgänge des Erstarrens. Int. J. Heat Mass Transfer **19** (1976) 597–602.
Wärmeleitung beim Erstarren geometrisch einfacher Körper. Wärme-Stoffübertrag. **7** (1974) 200–207.

Anhang A: Internationales Einheitensystem

Das Internationale Einheitensystem (Système International d'Unités, SI) wird gebildet aus den 7 Basiseinheiten und den aus diesen mit dem Zahlenfaktor Eins, das heißt kohärent abgeleiteten Einheiten. Für jede physikalische Größe gibt es eine und nur eine SI-Einheit.

Tabelle A.1. SI-Basiseinheiten

Größe	Einheit	
	Name	Zeichen
Länge	Meter	m
Masse	Kilogramm	kg
Zeit	Sekunde	s
Elektrische Stromstärke	Ampere	A
Thermodynamische Temperatur	Kelvin[a]	K
Stoffmenge	Mol	mol
Lichtstärke	Candela	cd

Tabelle A.2. Abgeleitete SI-Einheiten mit besonderen Namen

Größe	Einheit		
	Name	Zeichen	Ableitung
Frequenz	Hertz	Hz	s^{-1}
Kraft	Newton	N	$kg\,m/s^2$
Druck, mech. Spannung	Pascal	Pa	$kg/(s^2 m) = N/m^2$
Energie, Arbeit, Wärmemenge	Joule[b]	J	$kg\,m^2/s^2 = Nm$
Leistung, Wärmestrom	Watt	W	$kg\,m^2/s^3 = J/s$
Elektrizitätsmenge, el. Ladung	Coulomb	C	As
El. Spannung, el. Potentialdifferenz, elektromotorische Kraft	Volt	V	$kg\,m^2/(As^3) = W/A$
El. Widerstand	Ohm	Ω	$kg\,m^2/(A^2 s^3) = V/A$
El. Leitwert	Siemens	S	$A^2 s^3/(kg\,m^2) = A/V$
El. Kapazität	Farad	F	$A^2 s^4/(kg\,m^2) = As/V$
Magnetischer Fluß	Weber	Wb	$kg\,m^2/(As^2) = Vs$
Magnetische Flußdichte	Tesla	T	$kg/(As^2) = Wb/m^2$
Induktivität	Henry	H	$kg\,m^2/(A^2 s^2) = Wb/A$
Lichtstrom	Lumen	lm	$cd\,sr$
Beleuchtungsstärke	Lux	lx	$cd\,sr/m^2$
Aktivität	Becquerel	Bq	s^{-1}
Energiedosis	Gray	Gy	$m^2/s^2 = J/kg$
Äquivalentdosis	Sievert	Sv	$m^2/s^2 = J/kg$
Ebener Winkel (Winkel)	Radiant	rad	m/m
Räumlicher Winkel (Raumwinkel)	Steradiant	sr	m^2/m^2

[a] Besonderer Name für das Kelvin bei der Angabe von Celsius-Temperaturen ist der Grad Celsius (Einheitenzeichen °C). Das Kelvin ist auch Einheit der Temperaturdifferenzen und -intervalle.

[b] sprich Dschul.

Tabelle A.3. Vorsätze und Vorsatzzeichen für Zehnerpotenzen

Potenz	Vorsatz	Zeichen	Potenz	Vorsatz	Zeichen
10^{18}	Exa	E	10^{-1}	Dezi	d
10^{15}	Peta	P	10^{-2}	Zenti	c
10^{12}	Tera	T	10^{-3}	Milli	m
10^{9}	Giga	G	10^{-6}	Mikro	μ
10^{6}	Mega	M	10^{-9}	Nano	n
10^{3}	Kilo	k	10^{-12}	Piko	p
10^{2}	Hekto	h	10^{-15}	Femto	f
10	Deka	da	10^{-18}	Atto	a

Jedes Einheitenzeichen darf nur mit einem Vorsatz versehen werden.
Beispiel: $10^3 \, \mathrm{kg} = 10^6 \, \mathrm{g} = \mathrm{Mg}$ (Megagramm).
Vorsatz- und Einheitenzeichen bilden ein Ganzes.
Beispiel: $10^6 \, \mathrm{m}^3 = (10^2 \, \mathrm{m})^3 = (\mathrm{hm})^3 = \mathrm{hm}^3$ (Kubikhektometer).

Tabelle A.4. Dezimale Teile und Vielfache von SI-Einheiten mit besonderen Namen

Größe	Einheit		
	Name	Zeichen	Beziehung
Volumen	Liter	L, l	$1 \, \mathrm{L} = 1 \, \mathrm{l} = 10^{-3} \, \mathrm{m}^3 = 1 \, \mathrm{dm}^3$
Masse	Tonne	t	$1 \, \mathrm{t} = 10^3 \, \mathrm{kg} = 1 \, \mathrm{Mg}$
Druck, mech. Spannung	Bar	bar	$1 \, \mathrm{bar} = 10^5 \, \mathrm{Pa} = 10^5 \, \mathrm{N/m}^2$

Tabelle A.5. Atomphysikalische Einheiten, die gemeinsam mit dem SI benutzt werden

Name	Zeichen	Beziehung
Atomare Masseneinheit	u	$1 \, \mathrm{u} = m(^{12}\mathrm{C})/12 = 10^{-3} \, \mathrm{kg}/(N_\mathrm{A} \cdot \mathrm{mol})$ $= 1{,}6605402(10) \cdot 10^{-27} \, \mathrm{kg}$
Elektronvolt	eV	$1 \, \mathrm{eV} = e \cdot \mathrm{Volt} = (e/\mathrm{Coulomb}) \, \mathrm{Joule}$ $= 1{,}60217733(49) \cdot 10^{-19} \, \mathrm{Joule}$

Quellen: Le Système International d'Unités (SI). Hrsg. Bureau International des Poids et Mesures. 5. Aufl., Text franz. u. engl. 110 Seiten. Sèvres 1985.
Das Internationale Einheitensystem. 2. Aufl., Braunschweig: Vieweg 1982.

Anhang B: Umrechnung von Einheiten

Die folgenden Umrechnungsgleichungen ermöglichen die Umrechnung älterer Einheiten in SI-Einheiten. Eine halbfett gesetzte Endziffer bedeutet, daß der betreffende Zahlenwert genau (nach Definition) gilt.

1. Druck

Bar	$1\ \text{bar} = 10^5\ \text{Pa} = 10^5\ \text{N/m}^2$
physikalische Atmosphäre	$1\ \text{atm} = 760\ \text{Torr} = 101\,325\ \text{Pa}$
technische Atmosphäre	$1\ \text{at} = 1\ \text{kp/cm}^2 = 98\,066{,}5\ \text{Pa}$
Meter-Wassersäule	$1\ \text{mWS} = 9806{,}65\ \text{Pa}$
Millimeter-Quecksilbersäule	$1\ \text{mmHg} = 133{,}322\ \text{Pa}$
Pound force per square inch	$1\ \text{lbf/in}^2 = 6894{,}76\ \text{Pa}$
Inch of water	$1\ \text{inH}_2\text{O} = 249{,}089\ \text{Pa}$
Inch of mercury	$1\ \text{inHg} = 3386{,}39\ \text{Pa}$

2. Temperatur

Zwischen den Zahlenwerten T_K, T_R, t_C und t_F einer Temperatur in der Kelvin-, Rankine-, Celsius- und Fahrenheitskala bestehen folgende Umrechnungsgleichungen (DIN 1345):

$$T_K = 273{,}15 + t_C = (5/9)\,T_R$$
$$T_R = 459{,}67 + t_F = 1{,}8\,T_K$$
$$t_C = (5/9)(t_F - 32) = T_K - 273{,}15$$
$$t_F = 1{,}8\,t_C + 32 = T_R - 459{,}67$$

3. Energie, Arbeit, Wärmemenge

Erg	$1\ \text{erg} = 1\ \text{dyn} \cdot \text{cm} = 10^{-7}\ \text{J}$
Kalorie I.T.	$1\ \text{cal}_{IT} = 4{,}1868\ \text{J}$
Kalorie (15 °C)	$1\ \text{cal}_{15} = 4{,}1855\ \text{J}$
thermochemische Kalorie	$1\ \text{cal}_{th} = 4{,}184\ \text{J}$
Kilopondmeter	$1\ \text{kpm} = 9{,}806\,65\ \text{J}$
Kilowattstunde	$1\ \text{kWh} = 3{,}6 \cdot 10^6\ \text{J}$
British Thermal Unit[a]	$1\ \text{Btu} = 1\,055{,}06\ \text{J}$
Foot pound force	$1\ \text{ft lbf} = 1{,}355\,82\ \text{J}$

Konventionelle Energieeinheiten:

Kilogramm Steinkohleneinheiten	$\text{kgSKE} = 29{,}3\ \text{MJ} \approx 7000\ \text{kcal}_{IT}$
Kilogramm Öläquivalente	$\text{kgÖl} = 42\ \text{MJ} \approx 10\,000\ \text{kcal}_{IT}$

---

[a] Das ist die "International Table British Thermal Unit", für die nach Definition $1\ \text{kcal}_{IT}/\text{kg} = 1{,}8\ \text{Btu/lb}$ gilt.

4. Leistung, Wärmestrom

Erg je Sekunde

$$1\,\frac{\text{erg}}{\text{s}} = 10^{-7}\,\text{W}$$

Kalorie je Sekunde

$$1\,\frac{\text{cal}_{\text{IT}}}{\text{s}} = 4{,}1868\,\text{W}$$

Kilokalorie je Stunde

$$1\,\frac{\text{kcal}_{\text{IT}}}{\text{h}} = 1{,}163\,\text{W}$$

Kilopondmeter je Sekunde

$$1\,\frac{\text{kp m}}{\text{s}} = 9{,}806\,65\,\text{W}$$

Pferdestärke, cheval vapeur

$$1\,\text{PS} = 1\,\text{CV} = 735{,}498\,75\,\text{W}$$

Horsepower

$$1\,\text{hp} = 745{,}7\,\text{W}$$

British Thermal Unit per hour

$$1\,\frac{\text{Btu}}{\text{h}} = 0{,}293\,071\,\text{W}$$

Foot pound force per second

$$1\,\frac{\text{ft} \cdot \text{lbf}}{\text{s}} = 1{,}355\,82\,\text{W}$$

5. Spezifische Wärmekapazität

$$1\,\frac{\text{kcal}_{\text{IT}}}{\text{kg K}} = 1\,\frac{\text{cal}_{\text{IT}}}{\text{g K}} = 4186{,}8\,\frac{\text{J}}{\text{kgK}}$$

$$1\,\frac{\text{kcal}_{\text{th}}}{\text{kg K}} = 1\,\frac{\text{cal}_{\text{th}}}{\text{g K}} = 4184\,\frac{\text{J}}{\text{kgK}}$$

$$1\,\frac{\text{Btu}}{\text{lb}\,^\circ\text{R}} = 4186{,}8\,\frac{\text{J}}{\text{kgK}}$$

6. Wärmeleitfähigkeit

$$1\,\frac{\text{kcal}_{\text{IT}}}{\text{m h K}} = 1{,}163\,\frac{\text{W}}{\text{Km}}$$

$$1\,\frac{\text{cal}_{\text{IT}}}{\text{cm s K}} = 418{,}68\,\frac{\text{W}}{\text{Km}}$$

$$1\,\frac{\text{Btu}}{\text{ft s}\,^\circ\text{R}} = 6230{,}67\,\frac{\text{W}}{\text{Km}}$$

7. Wärmeübergangskoeffizient, Wärmedurchgangskoeffizient

$$1\,\frac{\text{kcal}_{\text{IT}}}{\text{m}^2\,\text{h K}} = 1{,}163\,\frac{\text{W}}{\text{Km}^2}$$

$$1\,\frac{\text{cal}_{\text{IT}}}{\text{cm}^2\,\text{s K}} = 41\,868\,\frac{\text{W}}{\text{Km}^2}$$

$$1\,\frac{\text{Btu}}{\text{ft}^2\,\text{s}\,^\circ\text{R}} = 204\,417\,\frac{\text{W}}{\text{Km}^2}$$

8. Temperaturleitfähigkeit, kinematische Viskosität, Diffusionskoeffizient

$$1\,\frac{\text{m}^2}{\text{h}} = 2{,}777\overline{7} \cdot 10^{-4}\,\frac{\text{m}^2}{\text{s}}$$

$$1\,\frac{\text{ft}^2}{\text{s}} = 92{,}90304 \cdot 10^{-3}\,\frac{\text{m}^2}{\text{s}}$$

$$1\,\frac{\text{ft}^2}{\text{h}} = 25{,}8064 \cdot 10^{-6}\,\frac{\text{m}^2}{\text{s}}$$

Die Einheit der kinematischen Viskosität cm^2/s wird auch Stokes (St) genannt.

Anhang C: Fundamentalkonstanten der Physik

Name	Formelzeichen, Wert, absolute Unsicherheit	Relative Unsicherheit ppm
Vakuumlichtgeschwindigkeit	$c = 299\,792\,458\ \dfrac{\mathrm{m}}{\mathrm{s}}$	genau
Elementarladung	$e = 1{,}602\,177\,33(49)\cdot 10^{-19}\ \mathrm{C}$	0,30
Planck-Konstante	$h = 6{,}626\,075\,5(40)\cdot 10^{-34}\ \mathrm{Js}$	0,60
Avogadro-Konstante	$N_{\mathrm{A}} = 6{,}022\,136\,7(36)\cdot 10^{23}\ \dfrac{1}{\mathrm{mol}}$	0,59
Faraday-Konstante	$F = eN_{\mathrm{A}} = 96\,485{,}309(29)\ \dfrac{\mathrm{C}}{\mathrm{mol}}$	0,30
molare Gaskonstante	$R = 8{,}314\,510(70)\ \dfrac{\mathrm{J}}{\mathrm{mol\ K}}$	8,4
Normtemperatur	$T_n = 273{,}15\ \mathrm{K}$	genau
Normdruck	$p_n = 101\,325\ \mathrm{Pa}$	genau
molares Normvolumen des idealen Gases	$V_m = \dfrac{RT_n}{p_n} = 22{,}414\,10(19)\ \dfrac{\mathrm{m}^3}{\mathrm{kmol}}$	8,4
Boltzmann-Konstante	$k = \dfrac{R}{N_{\mathrm{A}}} = 1{,}380\,658(12)\cdot 10^{-23}\ \dfrac{\mathrm{J}}{\mathrm{K}}$	8,5
Stefan-Boltzmann-Konstante	$\sigma = \dfrac{2\pi^5 k^4}{15 h^3 c^2} = 5{,}670\,51(19)\cdot 10^{-8}\ \dfrac{\mathrm{W}}{\mathrm{m}^2\,\mathrm{K}^4}$	34
1. Strahlungskonstante	$c_1 = 2\pi h c^2 = 3{,}741\,7749(22)\cdot 10^{-16}\ \mathrm{Wm}^2$	0,60
2. Strahlungskonstante	$c_2 = \dfrac{hc}{k} = 0{,}014\,387\,69(12)\ \mathrm{K\ m}$	8,4
Konstante des Wien-Verschiebungsgesetzes	$b = \lambda_{\max}\,T = 2{,}897\,756(24)\cdot 10^{-3}\ \mathrm{K\ m}$	8,3
Gravitationskonstante	$G = 6{,}672\,59(85)\cdot 10^{-11}\ \dfrac{\mathrm{N\ m}^2}{\mathrm{kg}^2}$	128
Normfallbeschleunigung	$g_n = 9{,}806\,65\ \dfrac{\mathrm{m}}{\mathrm{s}^2}$	genau

Die in Klammern stehenden absoluten Unsicherheiten eines Zahlenwertes bedeuten die einfache Standardabweichung.

Beispiel: $R = 8{,}314\,510(70)\ \dfrac{\mathrm{J}}{\mathrm{mol\ K}} = (8{,}314\,510 \pm 0{,}000\,070)\ \dfrac{\mathrm{J}}{\mathrm{mol\ K}}$.

Quelle: The 1986 Adjustment of the Fundamental Physical Constants. CODATA-Bulletin 63 (1986) 1–36. – PTB-Mitteilungen 97 (1987) Heft 6, 498–507.

Anhang D:
Kenngrößen der Wärme- und Stoffübertragung [a]

Name	Zeichen	Definition
Biot-Zahl	Bi	$\alpha l/\lambda_{fe}$
Fourier-Zahl	Fo	at/l^2
Froude-Zahl	Fr	$w^2/(g\,l)$
Grashof-Zahl	Gr	$g\beta\vartheta l^3/\nu^2$
Lewis-Zahl	Le	$a/D = Sc/Pr$
Mach-Zahl	Ma	w/c^*
Nusselt-Zahl	Nu	$\alpha l/\lambda_{fl}$
Nusselt-Zahl 2. Art	Nu^*	$\beta^* l/D$
Péclet-Zahl	Pe	$wl/a = Re\,Pr$
Phasenübergangszahl	Ph	$h_u/(c_p\,\vartheta)$
Prandtl-Zahl	Pr	$\nu/a = Sc/Le$
Rayleigh-Zahl	Ra	$g\beta\vartheta l^3/(\nu a)$
Reynolds-Zahl	Re	wl/ν
Schmidt-Zahl	Sc	$\nu/D = Le\,Pr$
Stanton-Zahl	St	$\alpha/(w\rho c_p) = Nu/Re\,Pr$
Stanton-Zahl 2. Art	St^*	$\beta^*/w = Nu^*/Re\,Sc$
Strouhal-Zahl	Sr	lf/w
Weber-Zahl	We	$w^3 l\rho/\sigma$

a Temperaturleitfähigkeit
c^* Schallgeschwindigkeit
c_p isobare spez. Wärmekapazität
D Diffusionskoeffizient
f Frequenz
g lokale Fallbeschleunigung
h_u spez. Umwandlungsenthalpie
l Länge
t Zeit
w Geschwindigkeit

α Wärmeübergangskoeffizient
β thermischer Ausdehnungskoeffizient
β^* Stoffübergangskoeffizient
ϑ Temperaturdifferenz
λ_{fe} bzw. λ_{fl} Wärmeleitfähigkeit für den Festkörper bzw. für das Fluid
ν kinematische Viskosität
ρ Dichte
σ Oberflächenspannung

[a] Die Tabelle enthält auch Kenngrößen aus dem Gebiet der konvektiven Wärme- und Stoffübertragung.

Anhang E: Thermophysikalische Stoffgrößen von Feststoffen, Flüssigkeiten und Gasen

Symbol	Stoffgröße		Einheit
ϑ	Celsius-Temperatur		$°C$
ρ	Dichte		kg/m^3
c_p	Isobare spezifische Wärmekapazität		J/kgK
λ	Wärmeleitfähigkeit		W/Km
a	Temperaturleitfähigkeit $a = \lambda/(\rho\, c_p)$		m^2/s
b	Wärmeeindringfähigkeit $b = \sqrt{\lambda \rho c_p}$		$Ws^{1/2}/Km^2$
η	Dynamische Viskosität		$kg/sm = Pa\,s$

I Feststoffe

	ϑ $°C$	ρ kg/m^3	c_p J/kgK	λ W/Km	a $10^{-6}\,m^2/s$	b $Ws^{1/2}/Km^2$
1. Metalle und Legierungen						
Aluminium 99,99	20	2700	945	238	93,4	24700
Antimon	0	6690	209	230	164	17900
Beryllium (gesintert)	20	1877	1780	155	46,4	22800
Blei	20	11340	131	35,3	23,8	7240
Bronze (6 Sn, 9 Zn, 84 Cu, 1 Pb)	20	8800	377	61,7	18,6	14300
Chrom	20	6900	457	69,1	21,9	14800
Duraluminium (94–96 Al; 3–5 Cu; 0,5 Mg)	20	2700	912	165	67,0	20200
Eisen						
Cr-Ni-Stahl (X 12 CrN; 18,8)	20	7800	502	14,7	3,75	7590
Cr-Al-Stahl (X 10 Cr Al 24) hitzebeständig	20	7600	500	16,7	4,40	7970
V 2 A Stahl vergütet	20	8000	477	15,0	3,93	7570
Cr-Stahl (X 8 Cr 17) rost- und säurebeständig	20	7700	460	25,1	7,09	9430
Kesselblech, H III	20	7900	470	52,3	14,1	13900
Gold (rein)	20	19290	128	295	119	27000
Iridium	20	22400	133	147	49,3	20900
Kadmium	100	8640	246	94,2	44,3	14100

	ϑ °C	ρ kg/m³	c_p J/kgK	λ W/Km	a 10^{-6} m²/s	b Ws$^{\frac{1}{2}}$/Km²
Kalium	20	860	766	196	298	11400
Kobalt	20	8780	427	69,1	18,4	16100
Konstantan (60Cu, 40Ni)	20	8900	410	22,6	6,19	9080
Kupfer (rein)	20	8960	385	394	114	36900
Kupfer (Handelsware)	20	8300	419	372	107	36000
Magnesium	20	1740	1050	159	87,0	17000
Mangan (α-Mn)	20	7430	477	20,9	5,90	8610
Manganin (84Cu, 4Ni, 12Mn)	20	8400	406	21,9	6,42	8640
Messing (MS 58)	20	8440	376	113	35,6	18900
Messing (MS 60)	20	8400	376	113	35,8	18900
Molybdän	20	10200	272	147	53,0	20200
Monel 505	60	8360	544	19,7	4,33	9460
Natrium	20	970	1234	134	112	12700
Nickel 98,7	0	8847	418	69,1	18,7	16000
Niob	20	8570	267	52,3	22,9	10900
Palladium	20	11970	242	71,2	24,6	14400
Platin (sehr rein)	20	21500	133	71,2	24,9	14300
Rhenium	20	21020	138	48,1	16,6	11800
Rhodium	20	12500	246	151	49,1	21500
Silber	20	10497	234	408	166	31700
Tantal	20	16500	142	54,4	23,2	11300
Titan	20	4505	522	15,5	6,59	6040
Uran 238 gesintert 99,9	500	18000	174	30,3	9,67	9740
UO$_2$	600	11000	313	4,18	1,21	3790
UO$_2$	1000	10960	326	3,05	0,854	3300
UO$_2$	1400	10900	339	2,30	0,622	2920
Vanadin	50	6120	498	31,0	10,2	9720
Wismut	60	9798	125	7,62	6,22	3050
Wolfram	20	19000	138	130	49,6	18500
Woodsche Legierung (50Bi, 25Pb, 12,5Cd, 12,5Sn)	20	1056	147	12,8	82,5	1410
Zink	20	7130	385	113	41,2	17600
Zinn (weißes β-Zinn)	20	7290	221	62,8	39,0	10100
Zirkonium	70	6490	290	16,7	8,87	5610

	ϑ	ρ	c_p	λ	a	b
	°C	kg/m³	J/kgK	W/Km	$10^{-6}\,\mathrm{m}^2/\mathrm{s}$	$\mathrm{Ws}^{\frac{1}{2}}/\mathrm{Km}^2$
2. Bau- und Isolierstoffe						
Kiesbeton (lufttrocken)	20	2200	879	1,28	0,662	1570
Mörtel	20	1900	800	0,93	0,61	1190
Ziegelmauerwerk (lufttrocken)	20	1400–1800	840	0,58–0,81	0,49–0,54	830–1100
Verputz	20	1690	800	0,79	0,58	1030
Asphalt	20	2120	920	0,70	0,36	1170
Zement (Portland, frisch, trocken)	20	3100	750	0,30	0,13	840
Gips	20	1000	1090	0,51	0,47	750
Buche (längs der Faser; 20% H_2O)	30	700	2020	0,35	0,25	700
Eiche (radial)	20	600–800	2400	0,17–0,25	0,12–0,13	490–690
Tanne (Fichte) radial	20	410	2700	0,14	0,13	390
Asbestfaser	50	470	820	0,11	0,29	210
Schlackenwolle	25	200	800	0,05	0,31	89
Mineralwolle	50	200	920	0,046	0,25	92
Korkplatten	30	190	1880	0,041	0,11	120
Glaswolle	0	200	660	0,037	0,28	70
3. Mineralien und Gläser						
Erdreich (grobkiesig)	20	2040	1840	0,59	0,16	1500
Schamottesteine	100	1700–2000	840	0,50–1,20	0,35–0,71	840–1100
Tonboden	20	1450	880	1,28	1,0	1280
Quarz	20	2100–2500	780	1,40	0,72–0,85	1500–1650
SiC-Steine (85% SiC)	700	2720	1050	1,56	0,55	2100
Schiefer (senkrecht zur Schichtung)	20	2700	750	1,83	0,90	1930
Sandstein	20	2150–2300	710	1,6–2,1	1,0–1,3	1600–1900
Kalkstein ($CaCO_3$, Kreide)	20	2000–3000	740	2,2	1,0–1,5	1800–2200
Marmor	20	2500–2700	810	2,8	1,3–1,4	2400–2500
Granit	20	2750	890	2,9	1,2	2700

	ϑ	ρ	c_p	λ	a	b
	°C	kg/m³	J/kgK	W/Km	10^{-6} m²/s	Ws$^{\frac{1}{2}}$/Km²
Schiefer (parallel zur Schichtung)	20	2700	750	2,9	1,4	2400
Steinsalz	0	2100–2500	920	7,0	3,0–3,6	3700–4000
Spiegelglas	20	2700	800	0,76	0,35	1280
Bleiglas	20	2890	680	0,70–0,93	0,36–0,47	1170–1350
Thermometerglas (Jena 16^{III})	20	2580	780	0,97	0,48	1400
Pyrexglas	20	2240	774	1,06	0,61	1360
Fensterglas	20	2480	700–930	1,16	0,50–0,67	1420–1640
Quarzglas	20	2210	730	1,40	0,87	1500

4. Kunststoffe

	ϑ	ρ	c_p	λ	a	b
	°C	kg/m³	J/kgK	W/Km	10^{-6} m²/s	Ws$^{\frac{1}{2}}$/Km²
Aminoplaste	20	1500	1670	0,35	0,14	940
Polyäthylen	20	920	2300	0,35	0,165	860
Polyurethan	20	1200	2090	0,32	0,128	800
Polyamide	20	1130	2300	0,28–0,30	0,108–0,115	850–880
Polyvinylcarbazol	20	1190	1250	0,26	0,175	620
Bakelit	20	1270	1590	0,23	0,114	680
Buna	20	1150	1970	0,23	0,101	720
Zelluloid	20	1380	1670	0,23	0,10	730
Polytetrafluoräthylen (Teflon)	20	2200	1040	0,23	0,10	725
Gummi (weich)	20	1100	1670	0,16–0,23	0,087–0,125	540–650
Palatal (ungesättigte Polyesterharze)	20	1100	1750	0,185	0,096	600
Acrylglas (Plexiglas)	20	1180	1440	0,184	0,108	560
Phenolgießharze	20	1330	1460	0,174	0,090	580
Hartgummi	20	1150	1420	0,16	0,098	510
Polyvinylchlorid (PVC)	20	1380	960	0,15	0,113	445
Polystyrol	20	1050	1250	0,14	0,107	430
Anilinpreßharz	20	1200	1670	0,12	0,060	490
Schaumgummi	20	400–500	1670	0,070–0,092	0,105–0,110	220–280
Styropor-Schaumstoffe	20	15–100	1250	0,029–0,045	0,36–1,54	23–75

	ϑ	ρ	c_p	λ	a	b
	°C	kg/m³	J/kgK	W/Km	10^{-6} m²/s	Ws$^{\frac{1}{2}}$/Km²
5. Verschiedene Stoffe						
Wolle	2[illegible]				[illegible]21	79
Rohseide			[illegible]0	0,049		81
Baumwolle	3[illegible]	81	[illegible]0	0,059	(	74
Baumrinde		3[illegible]		0,074	0	180
Kohlenstaub			[illegible]00	0,12	(	340
Papier (gew[illegible]	2[illegible]	[illegible]				
Leder (tr	[illegible]	[illegible]	[illegible]	[illegible]2–5	[illegible]–[illegible]2	390–440
Fet[illegible]	2[illegible]		193	7	[illegible],097	5[illegible]0
S[illegible]ohl	2[illegible]	– 12[illegible]		[illegible]	[illegible]	[illegible]0–7[illegible]
[illegible]hv	[illegible]	0			[illegible],18	6[illegible]
P[illegible]		87[illegible]		[illegible]	0,095–	
(fest[illegible]			[illegible]	[illegible]	0,39	
[illegible]		[illegible]17	[illegible]	5		[illegible]0
F[illegible] ofen[illegible] [illegible]c[illegible]		25[illegible]				1100–1200
[illegible]ellan			[illegible]080		,40	
[illegible]			[illegible]			[illegible]00
[illegible]ker (f[illegible]				[illegible]	0,29	
[illegible]borun[illegible]			[illegible]	58	6[illegible]	[illegible]00
[illegible]hit (f[illegible]		[illegible]	[illegible]	1[illegible]		137[illegible]
		[illegible]00)			127	

_ [illegible]ussigke [illegible]

	ϑ	ρ		λ	a	b	η
	°C	kg/m³	J/kgK	W/Km	10^{-6} m²/s	Ws$^{\frac{1}{2}}$/Km²	10^{-3} kg/s m
[illegible]. Verschiedene Flüssigkeiten							
[A]mmoniak (NH_3)	20	610	4770	0,49	0,17	1200	0,22
[A]ceton (C_3H_6O)	20	790	2210	0,18	0,10	560	0,32
[C]hloroform ($CHCl_3$)[illegible]	20	1490	980	0,12	0,082	420	0,57
[T]etrachlorkohlenstoff (CCl_4)	20	1595	840	0,105	0,078	375	0,97

	ϑ °C	ρ kg/m^3	c_p J/kgK	λ W/Km	a 10^{-6}m^2/s	b Ws$^{\frac{1}{2}}$/Km^2	η 10^{-3}kg/s m
Wasser	20	998	4183	0,598	0,143	1580	1,00
Toluol ($C_6H_5CH_3$)	20	866	1700	0,14	0,095	450	0,59
Benzol (C_6H_6)	20	879	1740	0,154	0,10	485	0,65
Äthylalkohol ($C_2H_5(OH)$)	20	789	2430	0,18	0,094	590	1,20
Terpentin	0	860	1720	0,14	0,095	460	1,50
Äthylenglykol ($C_2H_4(OH)_2$)	100	1056	2740	0,26	0,090	870	2,40
Glycerin ($C_3H_5(OH)_3$)	20	1260	2430	0,27	0,088	910	15
Schwefelsäure (H_2SO_4)	10	1830	1410	0,54	0,21	1180	27
Diphyl (73,5% Diphenyloxid; 26,5% Diphenyl)	20	1060	1590	0,14	0,083	490	5,8
Sole (20% $MgCl_2$)	−20	1180	3000	0,39	0,11	1200	13
Frigene (b. Sättigungsdruck)							
Frigen 11 ($CFCl_3$)	20	1530	879	0,10	0,074	370	0,54
Frigen 12 (CF_2Cl_2)	20	1390	934	0,084	0,065	330	0,29
Frigen 13 (CF_3Cl)	20	1120	1210	0,058	0,043	280	0,22
Frigen 22 (CHF_2Cl)	0	1290	1180	0,098	0,064	390	0,24
Frigen 114 ($CF_2Cl \cdot CF_2Cl$)	0	1530	940	0,076	0,053	330	0,47
Transformator-Öl	60	842	2090	0,12	0,068	460	7,3
Spindelöl	60	845	2020	0,14	0,082	490	4,2
Olivenöl	60	920	1970	0,16	0,088	540	81
Flugmotorenöl	60	868	2010	0,14	0,080	490	71
Siliconöl (AK250)	20	970	1470	0,17	0,12	490	240

2. Flüssige Metalle und Legierungen

	ϑ °C	ρ kg/m^3	c_p J/kgK	λ W/Km	a 10^{-6}m^2/s	b Ws$^{\frac{1}{2}}$/Km^2	η 10^{-3}kg/s m
Kalium	200	795	791	46	73	5400	0,34
Rubidium	39	1480	382	22	39	3500	0,48
Caesium	28	1840	251	13,6	29	2500	0,48
Natrium	100	927	1390	86	67	10500	0,71
Zinn	300	6940	255	32	18	7500	1,67
Wismut	300	10000	150	14,6	9,7	4700	1,66
Na-K-Legierung (22Na)	100	847	941	23	29	4300	0,53
Blei	400	10600	147	15,1	9,7	4900	2,10
Quecksilber	20	13600	139	8,0	4,2	3900	1,55
Blei-Wismut-Leg. (44,5 Pb)	200	10500	146	11,7	7,6	4200	2,50
Lithium	200	515	4140	46	22	9900	0,57

III Gase (p = 1,01325 bar)

	ϑ	ρ	c_p	λ	a	η
	°C	kg/m³	J/kgK	W/Km	10^{-6} m²/s	10^{-6} kg/s m
1. Reine anorganische Gase (Dämpfe)						
Helium (He)	0	0,18	5200	0,143	153	19
Neon (Ne)	0	0,90	1030	0,046	50	30
Argon (Ar)	0	1,78	524	0,018	19,2	21
Wasserstoff (H_2)	0	0,09	14050	0,171	13,6	8,4
Sauerstoff (O_2)	0	1,43	909	0,024	18,4	19,2
Stickstoff (N_2)	0	1,25	1038	0,024	18,5	16,6
Luft	0	1,29	1005	0,024	18,5	17,2
Chlor (Cl_2)	0	3,17	473	0,0081	5,4	12,3
Kohlenmonoxid (CO)	0	1,25	1038	0,023	17,7	16,6
Kohlendioxid (CO_2)	0	1,96	816	0,015	9,3	13,7
Stickoxid (NO)	0	1,34	971	0,024	18,4	18
Schwefeldioxid (SO_2)	0	2,86	586	0,0086	5,0	12
Wasserdampf (H_2O)	100	0,598	2028	0,025	20,6	12
Amoniak (NH_3)	0	0,77	2056	0,022	14	9,3
2. Reine organische Gase (Dämpfe)						
Methan (CH_4)	0	0,72	2165	0,030	19,2	10
Äthan (C_2H_6)	0	1,35	1650	0,018	8,1	8,6
Propan (C_3H_8)	0	2,01	1550	0,015	4,8	7,5
Äthylen (C_2H_4)	0	1,26	1460	0,017	9,2	9,4
Acetylen (C_2H_2)	0	1,17	1616	0,018	9,5	9,6
Frigene (bei Sättigungsdruck)						
Frigen 11 ($CFCl_3$)	0	2,48	549	0,0077	5,7	8,5
Frigen 12 (CF_2Cl_2)	0	17,7	547	0,0097	1,0	9,9
Frigen 13 (CF_3Cl)	0	134	620	0,0115	0,14	13
Frigen 22 (CHF_2Cl)	0	21,5	636	0,0107	0,8	9,6
Frigen 114 ($CF_2Cl \cdot CF_2Cl$)	20	9,6	653	0,0109	1,7	11

Anhang F: Wärmeleitfähigkeit von Flüssigkeiten bei mäßigen Drücken

$\lambda = \lambda_0 - \lambda'\vartheta$ mit ϑ als Celsius-Temperatur

Flüssigkeit	λ_0 W/Km	$10^4\lambda'$ W/K^{2}m	Temperatur-Bereich von °C/bis °C
Kältemittel[a]			
R10	0,1068	2,19	− 20/105
R11	0,0945	2,81	−105/75
R12	0,0783	3,66	−120/25
R13	0,0497	5,22	−125/0
R14	−0,0008	7,92	−125/−70
R20	0,1217	2,81	− 55/75
R21	0,1118	3,81	−125/50
R22	0,1001	4,95	−125/30
R23	0,0760	7,48	−125/−5
R30	0,1469	3,99	− 95/50
R31	0,1464	5,52	−100/25
R32	0,1474	8,02	−125/25
R112	0,0860	1,65	30/100
R113	0,0802	2,05	− 30/70
R114	0,0710	2,61	− 90/30
R114B2	0,0667	1,58	−105/50
R115	0,0603	3,24	−100/0
R116	0,0459	4,14	− 95/−5
R133a	0,0975	3,61	−100/50
R133aB1	0,0882	2,61	− 90/50
1,2,4,5-Tetrachlorbenzol	0,1250	1,62	140/185
Hexachlorbenzol	0,1201	1,52	230/250
Toluol	0,1406	2,80	− 20/110
o-Xylol	0,1378	2,27	− 20/80
m-Xylol	0,1393	2,39	− 40/80
p-Xylol	0,1354	2,41	15/80
1,2,3-Trimethylbenzol	0,1333	1,64	− 5/80

Zahlenbeispiel. Die Wärmeleitfähigkeit von Toluol bei 50 °C
ist $\lambda_{50} = (0,1406 - 0,000280 \cdot 50)\,\text{W/Km} = 0,1266\,\text{W/Km}$.

Flüssigkeit	λ_0	$10^4\,\lambda'$	Temperatur-Bereich
	W/Km	W/K²m	von °C/bis °C
Kältemittel[a]			
1,2,4-Trimethylbenzol	0,1347	1,97	− 50/80
1,3,5-Trimethylbenzol	0,1429	2,39	− 50/80
1,2,4,5-Tetramethylbenzol	0,1342	1,15	100/130
Pentamethylbenzol	0,1294	1,03	60/150
Hexamethylbenzol	0,1098	0,14	170/240
Äthylbenzol	0,1375	2,41	− 80/80
u-Propylbenzol	0,1347	1,85	− 85/80
u-Butylbenzol	0,1343	1,72	− 70/100
u-Pentylbenzol	0,1337	1,46	− 70/100
u-Hexylbenzol	0,1335	1,48	− 55/100
Naphthalin	0,1374	0,86	85/130
Anthracen	0,1431	0,80	225/275
Phenantren	0,1325	0,32	105/210
Pyren	0,1294	0,41	155/235
R 152a	0,1165	4,97	−110/25
R 214	0,0782	1,43	− 90/100
R 215	0,0739	1,72	− 75/75
R 216	0,0675	2,09	−125/25
RC 318	0,0737	3,38	− 40/25
RC 51–12	0,0631	1,57	− 20/50
R 846	0,0648	3,80	− 45/0
R 500	0,0846	3,94	−120/20
R 502	0,0742	3,91	−125/25
R 503	0,0569	5,80	−125/−5
R 504	0,0928	5,08	− 75/25
Benzol	0,1522	3,23	10/75
Monofluorbenzol	0,1329	2,80	− 35/80
Monochlorbenzol	0,1320	2,27	− 40/80
Monobrombenzol	0,1143	1,63	− 25/80
Monojodbenzol	0,1010	0,95	− 25/80
o-Dichlorbenzol	0,1246	1,64	− 10/80
m-Dichlorbenzol	0,1201	1,51	− 20/80

Flüssigkeit	λ_0	$10^4\,\lambda'$	Temperatur-Bereich
	W/Km	W/K²m	von °C/bis °C
Benzolderivate[b]			
p-Dichlorbenzol	0,1172	1,37	60/90
1,2,3-Trichlorbenzol	0,1138	0,75	60/105
1,2,4-Trichlorbenzol	0,1152	1,33	20/80
1,3,5-Trichlorbenzol	0,1211	1,75	70/100
1,2,3,4-Tetrachlorbenzol	0,1081	0,83	50/130
Alkohole[c] (Wassergehalt in Massen-%)			
Methanol (0,1)	0,2040	3,08	10/40
Äthanol (0,2)	0,1712	3,02	10/30
u-Propanol (0,05)	0,1576	2,31	10/40
iso-Propanol (0,1)	0,1395	2,02	10/40
u-Butanol (0,1)	0,1534	2,11	10/55
sec. Butanol (0,05)	0,1400	2,03	10/55
iso-Butanol (0,05)	0,1353	1,66	10/55
tert. Butanol (0,1)	0,1110	1,27	30/50

Flüssigkeit	λ_0	$10^4 \lambda'$	Temperatur-Bereich
	W/Km	W/K²m	von °C/bis °C
Dialkylphtalate[d]			
Dimethylphtalat	0,1507	0,97	10/85
Diäthylphtalat	0,1456	1,15	10/85
Diisopropylphtalat	0,1311	1,01	10/85
Di-u-butylphtalat	0,1387	1,12	10/85
Diisobutylphtalat	0,1280	1,00	10/85
Diäthylhexylphtalat	0,1369	0,97	10/85

[a] Tauscher, W.: Wärme-Stoffübertrag. **1** (1968) 140–146
[b] Bachmann, R.: Wärme-Stoffübertrag. **2** (1969) 129–134
[c] Poltz, H.; Jugel, R.: Wärme-Stoffübertrag. **1** (1968) 197–201. Wegen des Strahlungseinflusses ist λ schwach von der Schichtdicke abhängig. Die angegebenen Werte gelten für etwa 1 mm Schichtdicke.
[d] Poltz, H.: Wärme-Stoffübertrag. **3** (1970) 247–250.

Anhang G: Zahlentafeln mathematischer Funktionen

Tabelle G.1. Gaußsches Fehlerintegral und integriertes komplementäres Fehlerintegral, normiert mit $\sqrt{\pi}$ (vgl. Bild 6.1)

x	$\mathrm{erf}(x)$	$\sqrt{\pi}\,\mathrm{ierfc}(x)$	x	$\mathrm{erf}(x)$	$\sqrt{\pi}\,\mathrm{ierfc}(x)$
0,0	0,00000	1,00000	1.6	.97635	.01023
.1	.11246	.83274	1.7	.98379	.00673
.2	.22270	.68524	1.8	.98909	.00436
.3	.32863	.55694	1.9	.99279	.00277
.4	.42839	.44688	2.0	.99532	.00173
.5	.52050	.35385	2.1	.99702	.00107
.6	.60386	.27639	2.2	.99814	.00064
.7	.67780	.21287	2.3	.99886	.00038
.8	.74210	.16160	2.4	.99931	.00022
.9	.79691	.12088	2.5	.99959	.00013
1.0	.84270	.08907	2.6	.99976	.00007
1.1	.88021	.06463	2.7	.99987	.00004
1.2	.91031	.04617	2.8	.99992	.00002
1.3	.93401	.03246	2.9	.99996	.00001
1.4	.95229	.02246	3.0	.99998	.00001
1.5	.96611	.01528			

Tabelle G.2. Exponentialintegral

x	$-\mathrm{Ei}(-x)$	x	$-\mathrm{Ei}(-x)$
0,00	$+\infty$		
0,01	4,0379	1,60	0,08631
0,02	3,3547	1,70	0,07465
0,04	2,6813	1,80	0,06471
0,07	2,1508	1,90	0,05620
0,10	1,8229	2,00	0,04890
0,15	1,4645	2,20	0,03719
0,20	1,2227	2,40	0,02844
0,30	0,9057	2,60	0,02185
0,40	0,7024	2,80	0,01686
0,50	0,5598	3,00	0,01305
0,60	0,4544	3,20	0,01013
0,70	0,3738	3,40	0,00789
0,80	0,3106	3,60	0,00616
0,90	0,2602	3,80	0,00482
1,00	0,2194	4,00	0,00378
1,10	0,18599	4,20	0,00297
1,20	0,15841	4,40	0,00234
1,30	0,13545	4,60	0,00184
1,40	0,11622	4,80	0,00145
1,50	0,10002	5,00	0,00115

Tabelle G.3. Modifizierte Besselfunktion zweiter Art.

x	$K_0(x)$	x	$K_0(x)$
0,0	$+\infty$		
0,1	2,4271	1,6	0,18795
0,2	1,7527	1,7	0,16550
0,3	1,3724	1,8	0,14593
0,4	1,1145	1,9	0,12885
0,5	0,9244	2,0	0.11389
0,6	0,7775	2,2	0,08927
0,7	0,6605	2,4	0,07022
0,8	0,5653	2,6	0,05540
0,9	0,4867	2,8	0,04382
1,0	0,4210	3,0	0,03474
1,1	0,3656	3,2	0,02759
1,2	0,3185	3,5	0,01960
1,3	0,2782	4,0	0,01116
1,4	0,2437	4,5	0,00640
1,5	0,2138	5,0	0,00369

Sachverzeichnis